Der perfekte Businessplan

Bernd Fischl/Stefan Wagner

2. Auflage

ISBN 978-3-8006-3860-4

Wilhelmstraße 9, 80801 München

Druck und Bindung: Druckhaus Nomos

In den Lissen 12, 76547 Sinzheim

Umschlaggestaltung: Ralph Zimmermann, Bureau Parapluie

Lektorat und Satz: Text+Design Jutta Cram

Spicherer Straße 26, 86157 Augsburg

Gedruckt auf säurefreiem, alterungsbeständigen Papier

(hergestellt aus chlorfrei gebleichtem Zellstoff)

Der perfekte Businessplan

Bernd Fischl/Stefan Wagner

2. Auflage

Verlag Franz Vahlen München

So orientieren Sie sich im Buch

Folgende Elemente erleichtern Ihnen die Orientierung in diesem Buch:

Alle abgedruckten Muster, die mit dem CD-Icon versehen sind, finden Sie auch auf Ihrer CD-ROM.

Die mit der Lupe gekennzeichneten Kästen enthalten Beispiele, die das Gesagte illustrieren.

Inhalt

Vorwort

Businessplanung ist ein essenzieller Bestandteil vor, bei und nach der Gründung eines Unternehmens. Selbst nach Etablierung eines Unternehmens sollten ein kontinuierlicher Planungsprozess und damit die Konkretisierung und Quantifizierung von Unternehmenszielen beibehalten werden. Business- bzw. auch Unternehmensplanung sind nicht nur ein Mittel zur Finanzbeschaffung, sondern dienen in erster Linie den Gründern bzw. in einer späteren Phase dem Management, die eigenen Vorgaben zu kontrollieren und ggf. unerwünschten Entwicklungen gegenzusteuern.

Das folgende Buch widmet sich der Businessplanung von jungen Unternehmen. Hier ist der Planungsbedarf am größten und zugleich am schwierigsten zu gestalten. Um eine solide Informationsgrundlage für (potenzielle und tatsächliche) Gründer und Jungunternehmer zu haben, werden im vorliegenden Buch die relevanten Bereiche einer adäquaten Geschäftsplanung dargestellt und erläutert. Um die Breite dieses Handbuchs sicherzustellen und gleichzeitig bzgl. des Umfangs im Rahmen zu bleiben, können einige Themenbereiche nur überblicksartig dargestellt oder angerissen werden. Zusätzlich wird dem Leser allerdings durch eine Vielzahl von Literatur- und sonstigen Quellen die Möglichkeit einer Vertiefung einzelner Bereiche ermöglicht.

Um die entsprechenden Gegebenheiten in der vorliegenden Art und Weise darstellen zu können, bedarf es zahlreicher formeller und informeller Gespräche und Kontakte. Diese haben direkt oder indirekt zu dem aktuellen Werk beigetragen. Wir möchten uns hierfür an dieser Stelle bei allen unseren Gesprächspartnern ausdrücklich bedanken.

Besonderer Dank geht hierbei an Michael Hartl für die umfangreiche und qualitativ hochwertige Unterstützung, das Korrektorat der Arbeit, die zahlreichen Hinweise sowie die sprachliche und orthografische Gestaltung des Buches.

Zusätzlich danken wir auch dem Studentenprojekt „Semesterbooks.de", das uns seinen Businessplan für den Praxisteil überlassen hat.

Abschließend möchten wir uns noch beim Verlag Franz Vahlen und hier insbesondere bei Herrn Kilian bedanken, der uns bei der Erstellung des Werks alle erdenklichen Freiheiten ließ und somit eine Realisierung in der vorliegenden Weise möglich gemacht hat.

Wir bitten die Leser der vorliegenden Publikation, uns jede Form von konstruktiver Anregung, die zur Verbesserung des Buches beitragen könnte, zukommen zu lassen. Ebenso stehen Ihnen die Autoren für weitere Fragen und Themen zur Verfügung. Unter der E-Mail-Adresse fischl@first-value.de werden die Autoren versuchen, ein zeitnahes Feedback auf entsprechende Anregungen und Anfragen zu geben.

Frankfurt/München, im September 2009

Bernd Fischl

Stefan Wagner

„Nicht weil die Dinge schwierig sind, wagen wir sie nicht, sondern weil wir sie nicht wagen, sind sie schwierig."

Lucius Annaeus Seneca, römischer Philosoph

Wir danken Herrn Dipl.-Kfm. (FH) Martin Stadie von der Unternehmensberatung GründerAgentur.com für das Zurverfügungstellen der Software. Weitere Informationen zur Software finden Sie unter www.gruenderagentur.com.

Abkürzungsverzeichnis

AG	Aktiengesellschaft
BAFA	Bundesamt für Wirtschaft und Ausfuhrkontrolle
BGB	Bürgerliches Gesetzbuch
BVK	Bundesverband Deutscher Kapitalbeteiligungsgesellschaften
CB	Corporate Behavior
CC	Corporate Communication
CD	Corporate Design
CI	Corporate Identity
GbR	Gesellschaft bürgerlichen Rechts
GmbH	Gesellschaft mit beschränkter Haftung
GuV	Gewinn- und Verlustrechnung
GWG	Geringwertige Wirtschaftsgüter
HWK	Handwerkskammer
IFB	Institut für Freie Berufe
IHK	Industrie- und Handelskammer
IT	Informations- und Kommunikationstechnologie
KfW	Kreditanstalt für Wiederaufbau
KG	Kommanditgesellschaft
KGaA	Kommanditgesellschaft auf Aktien
KMU	Kleine und mittlere Unternehmen
MBGen	Mittelständische Beteiligungsgesellschaften
OHG	Offene Handelsgesellschaft
PartG	Partnerschaftsgesellschaft
ROE	Return on Equity
ROI	Return on Investment
SGB III	Drittes Buch Sozialgesetzbuch
USP	Unique Selling Proposition
USt	Umsatzsteuer
VC	Venture Capital
WTO	World Trade Organisation

Abkürzungsverzeichnis

AG	Aktiengesellschaft
BAFA	Bundesamt für Wirtschaft und Ausfuhrkontrolle
BGB	Bürgerliches Gesetzbuch
BVK	Bundesverband Deutscher Kapitalbeteiligungsgesellschaften
CB	Corporate Behavior
CC	Corporate Communication
CD	Corporate Design
CI	Corporate Identity
GbR	Gesellschaft bürgerlichen Rechts
GmbH	Gesellschaft mit beschränkter Haftung
GuV	Gewinn- und Verlustrechnung
GWG	Geringwertige Wirtschaftsgüter
HWK	Handwerkskammer
IFB	Institut für Freie Berufe
IHK	Industrie- und Handelskammer
IT	Informations- und Kommunikationstechnologie
KfW	Kreditanstalt für Wiederaufbau
KG	Kommanditgesellschaft
KGaA	Kommanditgesellschaft auf Aktien
KMU	Kleine und mittlere Unternehmen
MBGen	Mittelständische Beteiligungsgesellschaften
OHG	Offene Handelsgesellschaft
PartG	Partnerschaftsgesellschaft
ROE	Return on Equity
ROI	Return on Investment
SGB III	Drittes Buch Sozialgesetzbuch
USP	Unique Selling Proposition
USt	Umsatzsteuer
VC	Venture Capital
WTO	World Trade Organisation

1 Warum einen Businessplan erstellen?

„Sorgfältig und ehrlich betrieben zwingt einen das Verfassen des Businessplans zu diszipliniertem Nachdenken.

Eine Idee, die einem gerade noch glänzend erschien, mag bei näherer Betrachtung der Details und Zahlen plötzlich völlig unspektakulär wirken."

Eugene Kleiner, Venture Capitalist

1.1 Grundsätzliche Überlegungen vor der Unternehmensgründung

Geschäftsidee und -kompetenz

Am Anfang einer Unternehmensgründung steht meist eine relativ vage Geschäftsidee über ein zu vertreibendes Produkt bzw. über das Angebot einer besonderen Dienstleistung am Markt. In der Regel mündet diese erste Geschäftsidee nicht sofort in eine Unternehmensgründung, sondern muss oft über einen längeren Zeitraum überdacht, verändert und neuen Erkenntnissen angepasst werden. Ein Unternehmer, der diesen Prozess einer Unternehmensgründung auf sich nimmt, zeichnet sich dabei erfahrungsgemäß durch eine hohe Geschäftskompetenz (etwa in Form von Marktkenntnis oder Branchenerfahrung) sowie ein enormes kreatives und innovatives Potenzial aus (siehe Abbildung 1). Er unterscheidet sich somit grundlegend von anderen Rollen, die Mitarbeiter oft in etablierten Unternehmen innehaben. Beispielsweise sind Erfinder der Forschungs- und Entwicklungsabteilung meist durch eine hohe Kreativität gekennzeichnet, verfügen aber aufgrund ihrer hohen Spezialisierung oft nur über geringe Marktkenntnisse. Manager hingegen kennen den Absatzmarkt sehr gut und sind für den reibungslosen Geschäftsbetrieb verantwortlich.

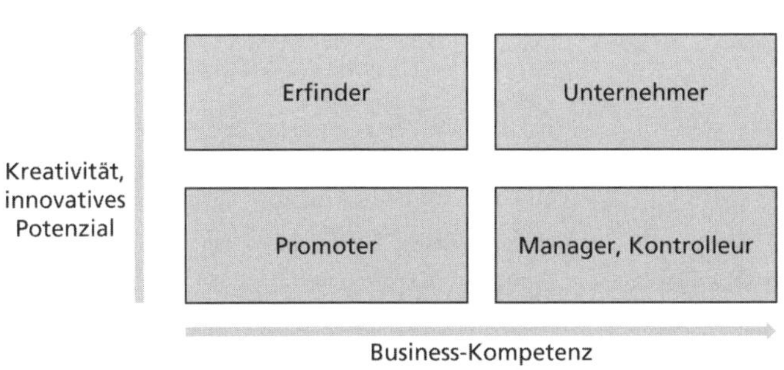

Abbildung 1: Typische Rollenverteilung in einem Unternehmen

Phase der Ideengenerierung

Eine erfolgreiche Unternehmensgründung erfordert vom Unternehmer die Analyse einer Reihe von Fragestellungen. Zu Beginn einer Gründung steht dabei oft eine vage Gründungsidee, die konkretisiert und fast immer überarbeitet werden muss. Im Rahmen dieser sog. Phase der Ideengenerierung muss vor allem geprüft werden, ob die angedachte Geschäftsidee einen echten → Kundennutzen generiert. Der Schlüssel zum Erfolg Ihrer Unternehmensgründung sind nämlich zufriedene Kunden und nicht technisch einzigartige Produkte. Kunden geben ihr Geld für die Befriedigung eines Bedürfnisses aus – nicht für den Erwerb technischer Spielereien. Aus diesem Grund müssen Sie sich im ersten Schritt Ihrer Unternehmensgründung genau darüber klar werden, welches Bedürfnis Sie mit Ihrem Produkt/mit Ihrer Dienstleistung befriedigen bzw. welchen Kundennutzen Ihre Geschäftsidee stiftet.[1]

Kundennutzen

- Kundennutzen ist der Nutzen, der aus dem Kauf Ihrer Produkte/Dienstleistungen resultiert. („Welches Bedürfnis befriedigt Ihr Produkt?")
- Relevant ist der von den Kunden wahrgenommene, nicht der tatsächliche Nutzen.
- Kundennutzen umfasst quantifizierbare Nutzenkomponenten (messbare Kosteneinsparungen, Beschleunigung von Produktionsprozessen, geringeres Verbrauchsmaterial) ebenso wie emotionale Nutzenkomponenten (Image eines Produkts, Freude bei der Anwendung, Anerkennung durch Dritte).
- Werden Sie sich darüber klar, welchen Kundennutzen Ihre Geschäftsidee stiftet und wie Sie diesen Kundennutzen kommunizieren können.
- Beispiel: Ein Anzug von Hugo Boss stiftet dem Kunden prinzipiell denselben Nutzen wie ein Anzug von C&A. (Er befriedet das Bedürfnis nach Kleidung und Qualität.) Entscheidend ist hier allerdings die Befriedigung des Verlangens nach emotionalen Nutzenkomponenten wie Prestige und Image.

Feedback holen

Um ein Gefühl dafür zu bekommen, ob Ihre Produkte tatsächlich ein wesentliches Bedürfnis erfüllen, sollten Sie Ihre Geschäftsidee unbedingt mit Freunden und, wenn möglich, auch mit potenziellen Kunden diskutieren. Berücksichtigen Sie das Feedback, das Sie auf diese Weise erhalten, und modifizieren Sie gegebenenfalls Ihre Geschäftsidee so lange, bis sie einen konkreten Kundennutzen stiftet.

Gibt es genügend Kunden?

Neben der genauen Definition des Kundennutzens Ihres Produkts muss vor einer Unternehmensgründung auch geklärt werden, ob es überhaupt ausreichend Kunden gibt, die die von Ihnen angebotenen Produkte/ Dienstleistungen kaufen könnten. Bedenken Sie im Rahmen dieser → Marktanalyse auch, welche Konkurrenzangebote bereits existieren und welche Vorteile Ihr Angebot für den Kunden im Vergleich zu den Konkurrenzangeboten bietet. In der frühen Phase der Ideengenerierung ist es im Allgemeinen sehr schwierig, exakte Zahlen über Marktgrößen und zukünftige Marktentwicklungen zu erhalten. Versuchen Sie trotz-

---

1 Vgl. Sickel, Christian: Verkaufsfaktor Kundennutzen; Gabler Verlag, 3. Auflage, Wiesbaden 2006, S. 16 ff.

dem, die relevanten Größen näherungsweise abzuschätzen, um prüfen zu können, ob es sich um einen attraktiven Markt handelt.

Marktanalyse

- Abgrenzung des relevanten Marktes: An wen richtet sich Ihr Angebot?
- Zahl der potenziellen Kunden, die Ihr Produkt kaufen könnten
- Identifikation der Wettbewerber, mit deren Produkten Sie konkurrieren
- Zukünftige Entwicklung des Marktes in Bezug auf Marktgröße und Zahl der Wettbewerber
- Beispiel: Es ist die Einführung einer neuen Biermarke geplant. Zu analysieren sind unter anderem sowohl der Zielmarkt (bspw. über 16-Jährige) als auch die Konkurrenz (lokale oder überregionale Hersteller wie Beck's etc.)

Wie viele und welche Mitarbeiter?

Ein weiterer wesentlicher Aspekt bei der Unternehmensgründung ist auch die → Realisierbarkeit Ihrer Idee. Insbesondere muss geklärt werden, wie viele Mitarbeiter Ihr Unternehmen benötigen wird und über welche Qualifikationen diese Mitarbeiter verfügen sollen.

Realisierbarkeit Ihrer Idee

- Muss Ihr Produkt noch bis zur Marktreife entwickelt werden oder ist es schon fertig?
- Gibt es Genehmigungen, die Sie zum Betrieb Ihres Unternehmens benötigen?
- Welches Personal benötigen Sie zur Umsetzung Ihrer Idee?
- Beispiel: Verfügt die Region Ihrer geplanten Produktionsstätte für PC-Software über genügend ausgebildete Programmierer?

Wirtschaftliche Tragfähigkeit

Wenn Sie alle oben skizzierten Fragen zufriedenstellend beantwortet haben, müssen Sie sich mit dem wesentlichen Kriterium jeder Unternehmensgründung auseinandersetzen: Ist Ihre Idee wirtschaftlich tragfähig? Werden Sie mit Ihrem Unternehmen höhere Einnahmen als Ausgaben erzielen und rechtfertigt der daraus resultierende Gewinn den mit der Unternehmensgründung verbundenen Aufwand? Um diese Fragestellung zu beantworten, müssen Sie eine erste → Finanzplanung erstellen, die zukünftige Zahlungen enthält.

Finanzplanung

- Erstellen Sie eine realistische, zahlenbasierte Planung der wichtigsten Finanzgrößen für die ersten drei bis fünf Jahre nach Gründung.
- Der zu erwartende Gewinn lässt sich als Differenz zwischen zu erwartenden Umsatzerlösen und Kosten, die im Rahmen des Geschäftsbetriebs anfallen, berechnen.
- Erstellen Sie verschiedene Szenarien, die auf alternativen Annahmen bezüglich der zukünftigen Geschäftsentwicklung basieren.
- Beispiel: Fertigen Sie eine Worst-Case-, eine Best-Case- und eine Base-Case-Planung an.

1.2 Was ist ein Businessplan?

Im vorhergehenden Kapitel wurden wesentliche Fragestellungen beschrieben, mit denen sich jeder Unternehmensgründer vor dem Eintritt in die Selbstständigkeit auseinandersetzen muss. Sind diese Fragen hinreichend geklärt, sollten sie in strukturierter Form schriftlich niedergelegt werden. Dies geschieht in der Regel in einem → Businessplan.

Businessplan

- Bei einem Businessplan handelt es sich um die schriftliche Dokumentation des gesamten unternehmerischen Konzepts.
- Er beinhaltet die Produktidee, das wirtschaftliche Umfeld, die gesetzten Ziele sowie den notwendigen Mittelaufwand.
- Zusätzlich gibt der Businessplan Informationen über die/den Unternehmensgründer und zeigt mögliche Risiken auf.
- Hinweis: Betrachten Sie den Businessplan als Visitenkarte für Ihre Unternehmung.

Ein Businessplan ist ein schriftliches Dokument, das in detaillierter und strukturierter Form Ihr unternehmerisches Gesamtkonzept schildert. Er erfasst dabei nicht nur die Beschreibung der eigenen Produktidee, sondern gibt auch wesentliche Aspekte des wirtschaftlichen Umfelds, der gesetzten Ziele und des notwendigen Mittelaufwands wieder. Darüber hinaus werden auch Fragen der Eignung und Erfahrung des Unternehmerteams sowie mögliche Risiken der Unternehmensgründung realistisch dargestellt, um potenziellen Investoren ein realistisches Bild der Erfolgsaussichten Ihrer Unternehmensgründung zu vermitteln.[2]

Ursprünglich wurden Businesspläne vor allem in den USA eingesetzt, um Kapital bei privaten Investoren und Venture Capitalists (Wagniskapitalgebern) einzuwerben, die sich mittels Eigenkapital als Miteigentümer am

---

2 Vgl. Nagl, Anna: Der Businessplan; Gabler Verlag, 2. Auflage, Wiesbaden 2005, S. 13–14.

Risiko der Unternehmensgründung beteiligen. Mittlerweile stellen Businesspläne auch in Deutschland ein weitverbreitetes Kommunikationsinstrument zur Kapitaleinwerbung dar. Der Einsatz von Businessplänen ist dabei nicht nur auf die Vorlage bei potenziellen Eigenkapitalgebern beschränkt, sondern wird insbesondere auch von Banken im Rahmen der Kreditwürdigkeitsprüfung und von öffentlichen Fördereinrichtungen eingefordert.

Identisches Gliederungsschema

Businesspläne weisen im Allgemeinen immer die gleiche Gliederungsstruktur auf. Sie sollten bei der Erstellung Ihres Businessplans nur in begründeten Ausnahmefällen von folgendem Gliederungsschema abweichen. Mit Businessplänen vertraute Leser werden sich auf diese Weise schnell in Ihrem Dokument zurechtfinden.

In der Regel enthält ein Businessplan folgende acht Abschnitte:

Gliederungspunkte eines Businessplans

I. Executive Summary – kurze Zusammenfassung aller folgenden Kapitel

II. Produktbeschreibung und Geschäftsmodell

III. Markt und Wettbewerb

IV. Marketing und Vertrieb

V. Produkt und Personal

VI. Finanzplanung

VII. Organisation und Gründer

VIII. Anhang

Wie Sie sehen, enthalten diese Punkte alle Informationen, die Ihr Geschäftsvorhaben charakterisieren.

1.3 Wie können Sie von einem guten Businessplan profitieren?

Das Verfassen eines Businessplans ist kein Selbstzweck. Im Rahmen der Unternehmensgründung erfüllt ein Businessplan eine Reihe wichtiger Aufgaben. Diese Aufgaben lassen sich je nach Adressatenkreis, der mit dem Businessplan angesprochen werden soll, in unternehmensinterne und unternehmensexterne Aufgaben unterteilen. Abbildung 2 gibt einen kurzen Überblick darüber, welche unternehmensinternen und -externen Adressaten mit einem Businessplan angesprochen werden sollen und welche Aufgaben damit verfolgt werden.

	Unternehmensintern	Unternehmensextern
Personen	Unternehmensgründer, Management	Investoren, Partner, Kunden
Ziele	Evaluierung, Transparenz, Kontrolle	überzeugen und informieren
Funktionen	Hilfe bei der Umsetzung der Gründungsidee	Kommunikationsinstrument
Update	kontinuierlich	je nach Einsatzzweck

Abbildung 2: Übersicht über unternehmensinterne und unternehmensexterne Aufgaben eines Businessplans

Unternehmensinterne Kontrolle

Zu den unternehmensinternen Adressaten eines Businessplans zählen vor allem der oder die Unternehmensgründer und leitende Mitarbeiter, die auch häufig bei der (Weiter-)Entwicklung des Businessplans mit eingebunden sind. Die schriftliche Fixierung der Gründungsidee und des Unternehmensgegenstands sowie die Ausarbeitung einer detaillierten Analyse der notwendigen Schritte, um die damit verbundenen Ziele zu erreichen, machen den Businessplan zu einem exzellenten Mittel der internen Unternehmensplanung. Zum einen müssen wesentliche Abläufe der täglichen Geschäftsabwicklung bereits vorab durchdacht und analysiert werden, bevor sie in den Businessplan aufgenommen werden. So muss etwa abgeschätzt werden, wie viele Mitarbeiter für die Produktion benötigt werden, wie die Distribution der hergestellten Produkte erfolgen soll und wie Kunden auf die Unternehmensgründung aufmerksam gemacht werden können. Zum anderen erfordert die Erstellung eines Businessplans eine zahlenbasierte Planung über Waren- und Geldströme, die im Rahmen des Unternehmenswachstums eine wesentliche Basis für Soll-Ist-Vergleiche ist. Der Businessplan wird somit auch in der frühen Phase der Unternehmensentwicklung zu einem zentralen Controllinginstrument. Er ermöglicht den Gründern, frühzeitig zu erkennen, ob sich wesentliche Abweichungen von der ursprünglichen Planung ergeben.

Unternehmensexterne Visitenkarte

Ein Businessplan richtet sich natürlich nicht nur an unternehmensinterne Adressaten, sondern auch an unternehmensexterne Leser. Insbesondere ist dabei an potenzielle Kapitalgeber zu denken, die zur Unternehmensgründung oder für das Unternehmenswachstum notwendige finanzielle Mittel zur Verfügung stellen können. Dies können sowohl Banken (zumeist im Rahmen einer Fremdfinanzierung über Kredite) als auch Venture-Capital-Fonds (zumeist im Rahmen einer Beteiligung am Eigenkapital des Unternehmens) sein. Für diese Zielgruppen ist der Businessplan aufgrund der fehlenden Historie einer Unternehmensneugründung oft die einzige verlässliche Informationsquelle, die Rückschlüsse auf die Erfolgswahrscheinlichkeit einer Unternehmensgründung zulässt. Insofern ist der Businessplan neben seiner Funktion als Informationsträger auch eine Visitenkarte der Unternehmensgründer. Externe Kapitalgeber bewerten nämlich in der Regel nicht nur die Gründungsidee, sondern auch die Gründerpersonen. Durch einen inhaltlich und formal gut ausgearbeiteten Businessplan können Sie sich in vorteilhaftem Licht gegenüber externen Kapitalgebern präsentieren und sich auch gegenüber möglichen Konkurrenten absetzen.

1.4 Bevor Sie mit dem Schreiben beginnen ...

... sollten Sie sich bewusst machen, dass es verschiedene Detaillierungsgrade von Businessplänen gibt. Wie detailliert ein Businessplan erstellt wird, hängt dabei in der Regel vom Reifegrad des Unternehmens ab. Zu unterscheiden sind der „zusammenfassende Businessplan", der „vollständige Businessplan" und der sog. „betriebsfähige Businessplan". In Abbildung 3 auf der folgenden Seite sind die wesentlichen Elemente der drei Varianten zusammengefasst und einander gegenübergestellt.

Zusammenfassender Businessplan

Ein zusammenfassender Businessplan wird in der Regel das erste Dokument sein, das im Rahmen einer Unternehmensgründung verfasst wird. Auf ca. zehn bis 15 Seiten beinhaltet er nur die wesentlichen Informationen bzgl. des Gründers, der Gründungsidee, des Marktumfelds sowie eine Schätzung der zu erwartenden Unternehmensgewinne sowie des notwendigen Kapitalbedarfs. In der Regel wird diese verkürzte Form eines Businessplans vor der eigentlichen Gründung erstellt. In dieser frühen Phase des Vorhabens stehen meist der Aufbau eines tragfähigen Geschäftskonzepts oder die Entwicklung eines Prototyps für ein Produkt im Vordergrund. Der tatsächliche Markteintritt erfolgt erst in einer anschließenden Phase, weshalb eine detaillierte Planung meist schwierig ist. Der zusammenfassende Businessplan wird in der Regel zur Akquise von externem Kapital geringeren Umfangs eingesetzt.

Vollständiger Businessplan

Der vollständige Businessplan ist die typische Form des Businessplans. Basierend auf dem zusammenfassenden Businessplan wird der vollständige Businessplan in der Regel erst zu einem fortgeschrittenen Stadium der Unternehmensgründung verfasst. Nach Ausarbeitung eines tragfähigen Geschäftskonzepts bzw. nach Abschluss der Produktentwicklung stehen meist umfassendere Informationen bzgl. anfallender Kosten in der Produktion, im täglichen Geschäftsbetrieb und auch über Absatzchancen der angedachten Produkte und Services zur Verfügung. Gleichzeitig erfordert ein anstehender Markteintritt meist den Auf- bzw. Ausbau des Geschäfts- und Produktionsbetriebs. Dies bedarf in der Regel Investitionen, die aus den Mitteln des Gründers nicht abgedeckt werden können. Da jedoch zum Markteintritt auch noch keine ausreichenden Erlöse durch den Absatz von Services bzw. Produkten zu erwarten sind, muss der resultierende (oft nicht unerhebliche) Kapitalbedarf aus externen Quellen gedeckt werden.

Der vollständige Businessplan dient deshalb zur Information externer Investoren. Er sollte potenzielle Kapitalgeber in die Lage versetzen, sich ein realistisches Bild über die mit der Unternehmensgründung verbundenen Risiken und Erfolgschancen zu verschaffen. Aus diesem Grund ist es notwendig, alle relevanten Informationen über Ihr Produkt sowie existie-

Zusammenfassender Businessplan	Vollständiger Businessplan	Betriebsfähiger Businessplan
ca. 15 Seiten Prägnant, knapp im Stil Beinhaltet Schlüsselinformationen Weitere Details auslassen	30–50 Seiten Beschreibung 10–30 Seiten weitere Dokumentation Vollständige Beschreibung von Schlüsselthemen Detailliert, trotzdem prägnant	100+ Seiten Vollständige, sehr ausführliche Beschreibung Umfangreiche quantitative Analyse
• Bankdarlehen wird gesucht • Bekannte Partner • Keine externe Kommunikation beabsichtigt • Lockmittel, um Interesse der Investoren zu wecken • Geschwindigkeit ist von äußerster Wichtigkeit	• Durch Komplexität des Unternehmens ist eine vollständige Beschreibung notwendig • Erhebliche Finanzierungsmittel werden gesucht • Mit großen Firmenpartnern arbeiten	• Bestehendes Unternehmen mit Historie, Produkten, Kunden, und Mitarbeiterstamm • Im regulären internen Planungsprozess benutzt

Abbildung 3: Gegenüberstellung unterschiedlicher Businesspläne

rende Konkurrenzprodukte, das Marktumfeld, Produktionsabläufe und geplantes Unternehmenswachstum realistisch darzustellen. Besonders wichtig ist es hier, Ihre Aussagen mit Zahlen zu untermauern. Potenzielle Investoren erwarten von einem ca. 30 bis 50 Seiten umfassenden vollständigen Businessplan, dass er detaillierte Angaben zu abgesetzten Mengen, erzielbaren Preisen und daraus resultierenden Umsatzerwartungen ebenso enthält wie eine Kostenplanung für die Ausgaben für Personal, Material und Miete für eine Betriebsstätte. Daraus ergibt sich eine Prognose der zu erwartenden Gewinne – und somit eine Berechnungsgrundlage für das eingesetzte Kapital. Vervollständigt wird dies durch eine Planbilanz, die die Entwicklung der im Unternehmen gebundenen Vermögensstände zusammenfasst.

Betriebsfähiger Businessplan

Ein betriebsfähiger Businessplan wird im Vergleich zu den beiden anderen Typen seltener angefertigt. Er dient der Dokumentation der Abläufe in bestehenden Unternehmen oder einzelnen Geschäftseinheiten größerer Konzerne. Auf oft mehr als 100 Seiten enthält er alle Informationen, die Außenstehende benötigen würden, um das Geschäft eigenständig weiterzuführen. Das beinhaltet im Vergleich zu den Informationen des vollständigen Businessplans deutlich detailliertere Angaben, die auch Kunden- und Zulieferverzeichnisse enthalten und interne Abläufe dokumentieren. Betriebsfähige Businesspläne werden in der Regel nicht zur externen Weitergabe verfasst. Sie dienen überwiegend der Dokumentation unternehmensinternen Wissens, um einen Wissensverlust durch Weggang von Schlüsselmitarbeitern zu vermeiden.

Schwerpunkt: Vollständiger Businessplan

Wie Sie sicher bereits vermuten, soll Sie das vorliegende Buch darauf vorbereiten, zusammenfassende und vor allem vollständige Businesspläne zu erstellen. Betriebsfähige Businesspläne bleiben weitgehend ausgeklammert. Das folgende Kapitel beschreibt alle Punkte, die für einen Businessplan relevant sind. Schritt für Schritt wird darauf eingegangen, welche Informationen für jeden Punkt wichtig sind und worauf Sie bei der Ausformulierung jeweils achten sollten. Das dritte Kapitel widmet sich ausführlich möglichen Fallstricken und Stolpersteinen, die bei der Erstellung eines Businessplans zu berücksichtigen sind, und gibt Ratschläge, wie Sie häufig gemachte Fehler vermeiden können. Wenn Sie diese Tipps berücksichtigen, steht der erfolgreichen Erstellung Ihres Businessplans nichts im Wege. Ein Praxisbeispiel zu den theoretischen Darstellungen erhalten Sie immer am Ende des jeweiligen Kapitels. Diese auf dem Studentenportal SEMESTERBOOKS.de beruhenden Beispiele können Ihnen beim Erarbeiten Ihres Dokuments als Vorlage dienen. Für die Zurverfügungstellung eines realen Businessplans möchten wir uns an dieser Stelle nochmals beim Team von SEMESTERBOOKS.de bedanken. Das Buch schließt mit einer Übersicht über weiterführende Informationsquellen und einer Liste öffentlicher Fördermöglichkeiten für Unternehmensgründer.

2 Elemente eines guten Businessplans

„Menschen mit einer neuen Idee gelten so lange als Spinner, bis sich die Sache durchgesetzt hat."

Mark Twain, US-Schriftsteller

2.1 Übersicht über einen Businessplan

Typische Struktur

Im Wirtschaftsleben hat sich eine typische Strukturierung von Businessplänen etabliert, von der im Regelfall nicht abgewichen wird. Der Hauptgrund ist darin zu sehen, dass ein Businessplan dem Leser einen schnellen Überblick über die wichtigsten Eckdaten des Unternehmens bzw. des Gründungsvorhabens vermitteln soll – der Leser aber in der Regel über wenig Zeit verfügt, den Businessplan zu studieren. Eine möglichst einheitliche Strukturierung des Businessplans soll den Leser in die Lage versetzen, sich schnell im Dokument zurechtzufinden. Insbesondere für Leser, die eine hohe Anzahl Businesspläne lesen (müssen), ist es besonders hilfreich, wenn die Dokumente eine einheitliche Struktur aufweisen. Abbildung 4 zeigt auf, wie Businesspläne in der Regel strukturiert sind und welche Kernfragen ein Businessplan beantworten muss.

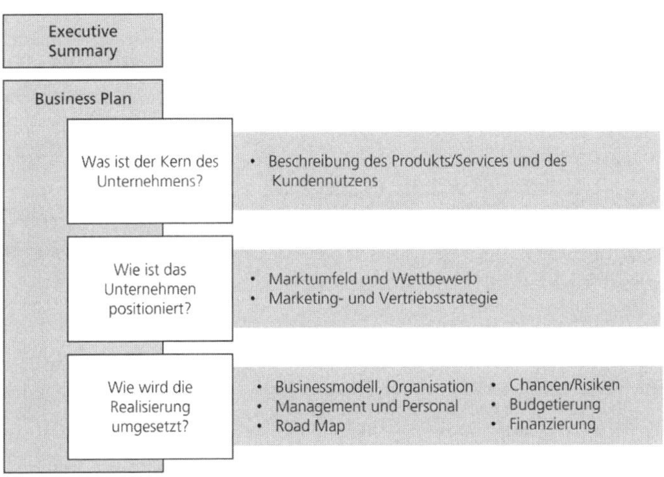

Abbildung 4: Grundstruktur eines Businessplans

Was ist der Kern des Unternehmens?

Produktidee/Kundennutzen

Nach der Lektüre des Businessplans muss dem Leser klar sein, worin Ihre Produktidee besteht. Dabei geht es weniger um die technischen Zusammenhänge („Wie funktioniert das Produkt?"), sondern um eine Beschreibung des vom Kunden wahrgenommenen Nutzens. Obwohl sich manche Produktideen sehr einfach beschreiben lassen (z. B. die Idee einer Sofortbildkamera oder einer Wäscheklammer), werden diese Anforderungen an einen Businessplan nicht immer erfüllt.

Wie ist das Unternehmen positioniert?

Kundengruppen und Konkurrenz

Jeder Businessplan muss auch darüber Auskunft geben, wie Ihr Unternehmen positioniert ist bzw. nach Gründung positioniert sein wird. Welche Kundengruppen wollen Sie ansprechen, wie wollen Sie von den Kunden wahrgenommen werden und mit welchen Konkurrenzprodukten bzw. Wettbewerbern müssen Sie rechnen?

Wie wird die Realisierung umgesetzt?

Unternehmensentwicklung

Von der Produktidee bis zur Etablierung eines laufenden Geschäftsbetriebs ist es oft ein langer Weg. Der Geschäftsplan muss daher aufzeigen, inwieweit die an der Gründung beteiligten Personen in der Lage sind, diesen Weg erfolgreich zu meistern. Darüber hinaus muss auch dargelegt werden, in welchen Schritten die Unternehmensentwicklung ablaufen soll und in welchem Zeitrahmen dies zu schaffen ist.

Abbildung 5 enthält eine erste Übersicht über die typischen Elemente eines Businessplans, die die oben genannten Fragen aufgreifen und beantworten.

Zu Beginn steht dabei – etwas außerhalb der Gesamtstruktur – eine Zusammenfassung oder Executive Summary, die die für den Adressaten wichtigsten Informationen auf maximal zwei Seiten enthält. Das erste richtige Kapitel des Businessplans „Produkt/Service" beschreibt dann einfach und verständlich Ihre Produktidee und den Mehrwert, den Ihr Angebot potenziellen Kunden liefert. „Markt und Wettbewerb" analysiert anschließend die Wettbewerbssituation, in der sich Ihr Unternehmen befindet bzw. nach Markteintritt befinden wird.

Darauf baut der vierte Punkt „Marketing und Vertrieb" auf, in dem beschrieben wird, welche Zielgruppen Sie ansprechen wollen und wie Ihr Produkt letztendlich vertrieben werden soll.

Erst im fünften Punkt „Businessmodell, -system und struktur" vermitteln Sie ausführlich, wie mit Ihrem Unternehmen Gewinne erwirtschaftet werden, ob beispielsweise Verkaufserlöse oder nach dem Verkauf anfallende Servicegebühren Einnahmen generieren.

Der sechste Abschnitt widmet sich schließlich den Hauptpersonen der Unternehmensgründung und stellt die Qualifikationen der Gründer (und, falls vorhanden, auch die von Schlüsselangestellten) dar. Die letzten beiden Punkte des Businessplans enthalten die zeitliche Planung der Unternehmensentwicklung („Road Map") sowie eine Diskussion potenzieller Chancen und Risiken, die es dem Leser ermöglichen, die Bandbrei-

Abbildung 5: Grundlegende Elemente eines Businessplans

te der positiven sowie negativen Abweichungen von Ihrer ursprünglichen Planung einschätzen zu können.

Finanzplanung

Der Businessplan wird dann durch die Finanzplanung (Gewinn und Verlustrechnung – kurz GuV – sowie Liquiditätsrechnung und unter Umständen Planbilanzen) abgeschlossen. Soweit notwendig, können Sie Ihrem Businessplan Anlagen beifügen, auf die Sie im Text verweisen. Sollten Sie beispielsweise bereits über ein → Patent verfügen, bietet es sich an, die Patentschrift in den Anhang zu Ihrem Businessplan aufzunehmen.

Patent

- Ein Patent ist ein zeitlich befristetes Recht, das Ihnen erlaubt, andere von der Nutzung Ihrer Erfindung auszuschließen.
- Patente werden auf technische Erfindungen erteilt, wenn sie neu und nicht offensichtlich sind.
- Um ein Patent zu erhalten, müssen Sie beim zuständigen Patentamt einen Antrag stellen, in dem Sie Ihre Erfindung offenlegen.
- Auch wenn Sie im Zuge der Prüfung des Patentantrags kein Patent erhalten, wird Ihre Erfindung veröffentlicht.
- Beispiele für bekannte Patente: der Colt (klassisches Schießeisen im Wilden Westen; erfunden von Samuel Colt), die „Colaflasche" (charakteristische Flaschenform der Coca-Cola Company).

Struktur einhalten

Wenn Sie für Ihr Gründungsvorhaben einen Businessplan erstellen, halten Sie sich an die erläuterte Struktur. Ein Abweichen von der typischen Struktur eines Businessplans wird schnell als unprofessionell eingestuft.

Der Leser wird sich fragen, warum Ihr Businessplan nicht die übliche Struktur aufweist, und Ihnen unter Umständen unterstellen, dass Sie nicht das notwendige Maß an Sorgfalt in die Erstellung des Dokuments gesteckt haben. Dies mindert nicht nur Ihr Ansehen beim Geschäftspartner, sondern – was in der Regel maßgeblich sein dürfte – auch Ihre Erfolgsaussichten zur Einwerbung von Fremdkapital oder die Aussichten, neue Geschäftsbeziehungen (etwa mit einem wichtigen Neukunden oder einem Lieferanten, der Ihnen Zahlung auf Ziel einräumen soll) zu knüpfen. Vergessen Sie nicht, dass ein Businessplan auch immer eine Visitenkarte für Sie und Ihr Unternehmen ist.

Die folgenden Kapitel stellen die wesentlichen Elemente und Gliederungspunkte eines Businessplans vor. Zusätzlich werden wertvolle Tipps gegeben, welche Informationen darin enthalten sein sollen und wie sie am besten dargestellt werden.

2.2 Executive Summary – das Wesentliche auf wenigen Seiten!

Am Anfang eines Businessplans steht eine kurze Zusammenfassung der wesentlichen Aspekte Ihrer Geschäftsidee und des Realisierungsplans, die sog. → Executive Summary. Diese maximal zweiseitige Zusammenfassung dient dazu, das Interesse des Lesers zu wecken und ihn zum Weiterlesen zu animieren. Sie gibt einen kurzen Überblick über die wichtigsten Aspekte des folgenden Businessplans. Die Executive Summary ist dem Businessplan vorangestellt – oft kommt sie bereits vor dem Inhaltsverzeichnis.

Executive Summary

Sie sollten besonderes Augenmerk auf die Formulierung der Executive Summary legen. In der Regel entscheidet die Lektüre der Executive Summary darüber, ob Ihr Businessplan überhaupt einer genaueren Betrachtung unterzogen oder ob Ihr Vorhaben ohne Prüfung des Businessplans aussortiert wird. Die Executive Summary sollte daher

- die wesentlichen Informationen aus jedem Kapitel des folgenden Businessplans enthalten,
- sprachlich klar und einfach formuliert sein,
- kein Werbetext für Ihr Vorhaben sein, sondern eine neutrale Darstellung der wesentlichen Informationen beinhalten,
- auch uninformierten Lesern ein unmittelbares Verständnis dafür geben, was der Kern Ihres Projekts ist,
- Angaben dazu machen, warum Sie sich an den Adressaten wenden.

Kernstück: Executive Summary

Abbildung 6 gibt einen Überblick über die wesentlichen Ziele und Inhalte der Executive Summary. Bedenken Sie beim Verfassen, dass oft bereits die Executive Summary darüber entscheidet, ob ein potenzieller Kapitalgeber Ihren Businessplan gleich aussortiert oder mit gesteigertem Interesse weiterliest. Widmen Sie daher beim Verfassen eines Businessplans der Executive Summary besondere Aufmerksamkeit. Die Executive Summary ist in der Regel der kürzeste Teil eines Businessplans. Gleichzeitig lehrt die Erfahrung jedoch, dass dies auch derjenige Teil ist, der für die Gründer eine der größten Herausforderungen darstellt. Auf maximal zwei Seiten müssen alle wichtigen Informationen bzgl. der Unternehmensgründung aufgegriffen werden. Als Daumenregel gilt hierbei, dass Informationen aus allen einzelnen Kapiteln des folgenden Dokuments aufgegriffen werden sollten.

Es ist offensichtlich, dass dies ein hohes Maß an Informationsreduktion notwendig macht. Die Auswahl, welche Informationen letztendlich in die Zusammenfassung aufgenommen werden sollen, kann nur im Einzelfall getroffen werden. Eine Grundregel dafür gibt es nicht. Auf jeden Fall muss aber sichergestellt werden, dass der Leser genügend Informationen über die Produktidee und den Kundennutzen, die Gründungspersonen und die geplante Realisierungsdauer erhält. Technische Details können in der Executive Summary weitestgehend vernachlässigt werden, da sie im folgenden Businessplan hinreichend erörtert werden.

Sachliche und verständliche Darstellung

Sprachlich sollte die Executive Summary (wie auch der ganze Businessplan) neutral gehalten sein. Vermeiden Sie beschreibende Adjektive; sprechen Sie also nicht von einer „hohen Rendite" oder einem „aus Kundensicht tollen Produkt". Stellen Sie die Darstellung von Fakten in den Vordergrund und nennen Sie Zahlen – „eine Rendite von 19,7 %" oder „die Verwendung des Produkts erlaubt eine Kosteneinsparung von 14 % im Vergleich zu herkömmlichen Produkten". Der Leser wird sich sein eigenes Urteil bilden, welches Adjektiv er für angebracht hält. Die Executive Summary ist kein Werbetext. Sie muss eine sachliche Darstellung von Fakten bleiben. Achten Sie auch auf eine leicht verständliche Sprache. Formulieren Sie kurze Sätze und vermeiden Sie umständliche Nominalkonstruktionen. Bevorzugen Sie stattdessen Aussagen mit Verben. Absätze an der richtigen Stelle gliedern Ihre Ausführungen logisch und übersichtlich. Wesentliche Inhalte müssen beim ersten Lesen verständlich sein. Bitten Sie auch Personen, die mit Ihrer Idee nicht vertraut sind, die Executive Summary Probe zu lesen. Uninformierte Leser müssen in der Lage sein, die wesentlichen Informationen auf Anhieb zu verstehen.

Vergessen Sie in der Zusammenfassung auch nicht darzustellen, weshalb Sie sich an den Leser wenden. Benötigen Sie Kapital, stellen Sie dies am Ende der Executive Summary neutral dar. Nennen Sie auch die Konditionen, zu denen Sie eine Finanzierung suchen (vgl. zur Ermittlung des Kapitalbedarfs auch Kapitel 2.7).

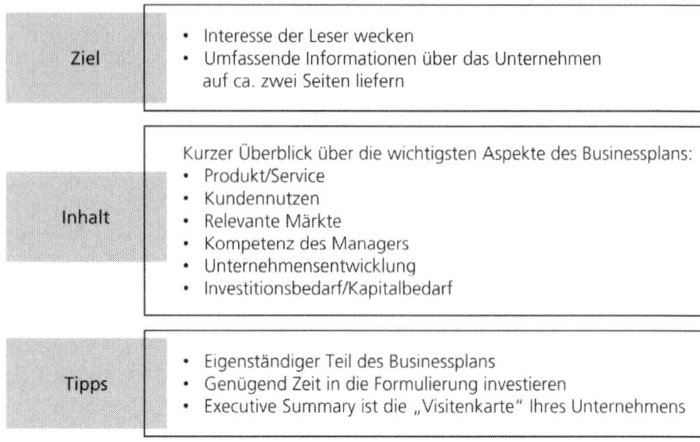

Abbildung 6: Wesentliche Inhalte der Executive Summary

Finanzierung/Konditionen

Sind Sie auf der Suche nach einem Eigenkapitalinvestor, schreiben Sie, welchen Anteil an Ihrem Unternehmen Sie zu welchem Preis abgeben möchten. Vergessen Sie nicht, eine Schätzung abzugeben, welche Wertentwicklung der Investor bei einer derartigen Beteiligung in einem Zeitraum von drei bis fünf Jahren erwarten kann. Benötigen Sie Fremdkapital in Form eines Darlehens, nennen Sie auch hier Laufzeiten und Verzinsungen, die Ihnen plausibel erscheinen.

Um die Theorie leichter verständlich zu machen, ist am Ende jedes relevanten Kapitels ein Praxisbeispiel eingefügt, in dem die beschriebenen Punkte umgesetzt wurden. Das Studententeam von Semesterbooks.de hat uns hierfür freundlicherweise seinen Businessplan zur Verfügung gestellt. Neben dem Businessplan von Semesterbooks.de in der linken Spalte der untenstehenden Darstellung finden Sie in der rechten Spalte wertvolle Hinweise, die wesentliche Punkte anhand des gewählten Beispiels direkt kommentieren.

Ein Beispiel aus der Praxis – SEMESTERBOOKS.de

1. EXECUTIVE SUMMARY	
Das Problem:	
Stellen Sie sich vor, Sie gehören zu den über zwei Millionen Studierenden, die täglich an 377 Hochschulen in 4.518 Studiengängen mit 37.700 Professoren/-innen konfrontiert sind.	1 SEMESTERBOOKS.de gelingt es, das Interesse des Lesers zu wecken, indem zu Beginn das attraktive Marktpotenzial betont wird. Die detaillierte Marktanalyse signalisiert dem Leser, dass sich die Autoren des Businessplans intensiv mit dem relevanten Markt auseinandergesetzt haben.
Wer hilft Ihnen dabei, die auf Ihre individuellen Lernbedürfnisse, Ihre Professoren und Ihre Hochschule abgestimmte Fachliteratur kostengünstig zu finden?[1]	
Die Lösung:[2]	2 Nachdem in der Einleitung ein Problem potenzieller Kunden skizziert wurde, wird im Businessplan die von SEMESTERBOOKS.de angebotene Lösung herausgestellt.
www.SEMESTERBOOKS.de	

Die Besonderheit: Jede Hochschule hat ihren eigenen Marktplatz. Durch die Möglichkeit, gezielt an der eigenen Hochschule Bücher zu suchen und anzubieten, ist die Erfolgsquote, ein Buch zu kaufen bzw. zu verkaufen sehr hoch, da die Studierenden hochschulintern von Semester zu Semester die jeweils gleichen Bücher für ihr Studium benötigen. Käufer und Verkäufer können sich an der Hochschule (z. B. Mensa, Campus) treffen, somit wird ein schneller und bequemer Bücherhandel ermöglicht.

www.SEMESTERBOOKS.de bringt Buch-Käufer und Buch-Verkäufer an der eigenen Hochschule zusammen und ermöglicht somit den effektiven Handel gebrauchter Literatur über einen lokalen Marktplatz.[3]

Mit über zwei Millionen Studierenden allein in Deutschland, die rund 1,12 Mrd. € für Lehrmittel ausgeben, ist die Zielgruppe „Studierende" hochattraktiv. Gleiches gilt für den deutschsprachigen Büchermarkt, der mit 9,4 Mrd. € Umsatz (2007) einer der größten der Welt ist, und weitere 5 Mrd. €, die auf dem Gebrauchtbüchermarkt umgesetzt werden.[4]

Mit dem Verkauf neuer Bücher wird SEMESTERBOOKS.de Umsatz generieren und möchte hierbei im Buchhandel neue Wege gehen:

Es wird eine nationale Partnerschaft mit einem möglichst europaweit agierenden Online-Buchhändler, durch welchen ein direkter Verkauf neuer Bücher auf SEMESTERBOOKS.de ermöglicht wird, angestrebt.

Langfristig sind die Erweiterung des Geschäftsmodells auf andere Produktgruppen, Werbeplatzierung in Skripten/E-Books und der Verleih von Büchern (analog zu chegg.com) geplant.

Im optimistischen Szenario gehen wir davon aus, dass 45 % der bei SEMESTERBOOKS.de registrierten Nutzer (67.000 bei Ablauf des ersten Geschäftsjahres) pro Semester 2 Bücher im Wert von jeweils 20 € über SEMESTERBOOKS.de kaufen. Dies führt zu 343.000 € Provision im ersten Jahr.[5]

3 Zunächst wird das Konzept von SEMESTERBOOKS.de erläutert, um dem Leser die Geschäftsidee näherzubringen.

4 Durch das Aufzeigen aktueller Marktdaten gelingt es SEMESTERBOOKS.de, das Interesse des Lesers weiterhin hoch zu halten. Im Gegensatz zu Aussagen wie „Das Marktpotenzial ist gut" oder „Es lohnt sich, in diesen Markt zu investieren" kann der Leser mit konkreten Zahlen seine eigenen Berechnungen bzgl. der Attraktivität eines Investments erstellen.

5 Durch das Darstellen eines sog. „Best Case"-Szenarios vermittelt SEMESTERBOOKS.de dem Leser zum einen den Eindruck, dass eine fundierte Finanzplanung aufgestellt wurde. Zum anderen wird der Leser durch mögliche Ertragsaussichten weiter interessiert bleiben. Besonders Kapitalgeber legen Wert auf eine gute Planung der Unternehmensfinanzen und potenzieller Risiken und Gewinnmöglichkeiten.

Marketing spielt bei der Nutzergewinnung die entscheidende Rolle. Wir erzeugen Werbedruck durch Marketing im Hochschulumfeld („Semester-Sheriffs"), Online-Werbung im Arbeitskontext der Studierenden (z. B. Hochschulseiten), Affiliate- und Partnerprogramme sowie die Zusammenarbeit mit Fachschaften, Professoren, studentischen Organisationen und effektive Pressearbeit.[6]	6 Ein kurzer Auszug über Möglichkeiten der Kundengewinnung ermöglicht dem Leser abzuschätzen, ob SEMESTERBOOKS.de die angedachte Idee auch dem Kunden vermitteln kann.
Klarer Eigenbedarf, denn die Gründer kommen direkt aus der Zielgruppe und studieren Politikwissenschaft und VWL. Unterstützt werden sie von einem erfahrenen Programmierer, der schon viele Start-ups begleitet hat.[7]	7 Mit Angaben über das Gründerteam rundet SEMESTERBOOKS.de die Executive Summary ab und hat somit dem Leser alle Teilbereiche in Kurzform dargestellt. Dadurch können selbst Investoren mit einem geringen Zeitkontingent schnell und fundiert entscheiden, ob und in welcher Form sie sich weiter mit der Geschäftsidee beschäftigen.
SEMESTERBOOKS.de wurde 2007 als Studentenprojekt gestartet und gewann 2008 den zweiten Platz beim Sologics E-Commerce Award (München). Nach dem Relaunch der Homepage Anfang April 09 wird das Studentenprojekt nun zum Unternehmen.	

2.3 Produkt/Service: Was haben Sie zu bieten?

Im zweiten Teil Ihres Businessplans stellen Sie Ihre Geschäftsidee ausführlich vor. Oft basiert diese Geschäftsidee auf einem innovativen und neuartigen → Produkt oder einem bisher nicht angebotenen → Service. Im Folgenden werden diese beiden Wörter synonym verwendet, um die Lesbarkeit des Textes zu verbessern.

Produkt/Service

Der Punkt „Produkt/Service" soll dem Leser eines Businessplans alle notwendigen Informationen zu dem von Ihnen angebotenen Produkt/Service geben. Insbesondere sollten Sie daher folgende Fragen beantworten:

- Welches Problem löst Ihr Angebot? Woraus resultiert der Kundennutzen?
- Verfügen Sie über ein Alleinstellungsmerkmal gegenüber konkurrierenden Angeboten? Ist dieses von Dauer?
- Wie weit sind Sie im Rahmen der Produktentwicklung? Ist Ihr Produkt bereits serienreif oder muss noch Entwicklungsarbeit geleistet werden?
- Welche rechtlichen Aspekte sind für Ihr Produkt relevant?

Genaue Beschreibung

Im Zentrum des Kapitels zur Geschäftsidee steht daher die genaue Beschreibung wesentlicher Charakteristika Ihres Produkts. Wichtig ist es zudem zu verdeutlichen, inwieweit sich Ihr Produkt von bereits existierenden Produkten unterscheidet und welches Problem es für potenzielle Kunden lösen kann. Beschreiben Sie möglichst genau den Kundennutzen, den Ihr Produkt bieten kann. Vergessen Sie auch nicht, auf den aktuellen Stand der Produktentwicklung hinzuweisen, in dem Sie sich befinden: Haben Sie bereits ein serienreifes Produkt? Oder befinden Sie sich noch in der Entwicklungsphase bzw. haben Sie erst einen Prototyp, dessen Serienreife noch geprüft werden muss? Letztendlich sollten Sie auch noch auf Fragen des juristischen Schutzes Ihrer Idee eingehen. Wollen Sie Ihre Idee patentieren lassen oder haben Sie bereits ein Patent? Abbildung 7 gibt einen Überblick über die wesentlichen Zielsetzungen und den Inhalt des Abschnitts „Produkt/Service", sowie Tipps, die Ihnen das Verfassen des entsprechenden Abschnitts vereinfachen sollen.

Ziel	• Businessidee in einer verständlichen Art erklären • Klare Herausarbeitung des Kundenutzen und des einzigartigen Wettbewerbsvorteils
Inhalt	• Beschreibung der Businessidee • Quantifizierung der Kundenwünsche/-ansprüche • Stand der Produktentwicklung, gegebenenfalls die nächsten Schritte erläutern • geistige Eigentumsrechte
Tipps	• Berücksichtigung der Kundenperspektive • Welches Kundenproblem wird gelöst? • Verlieren Sie sich nicht in technischen Details!

Abbildung 7: Wesentliche Zielsetzungen und Inhalte des Abschnitts Produkt/Service

Kundennutzen

Wie bereits erläutert, steht die Beschreibung Ihres Produkts im Zentrum dieses Kapitels. Der Umfang der Produktbeschreibung sollte sich dabei nach der Komplexität Ihres Produkts richten. Während sich manche Produkte auf wenigen Zeilen vorstellen lassen, benötigen andere mehr Raum, um verständlich dargestellt zu werden. Oft ist es eine gute Idee, beim Verfassen der Produktbeschreibung darüber nachzudenken, welches Problem Ihr Produkt aufgreift und wie es das Problem für den Kunden löst. Aus dieser Struktur lässt sich schließlich auch ableiten, welchen Kundennutzen Ihr Produkt generiert.

Besser als die Konkurrenz

Letztendlich ist eine Unternehmensgründung nur dann sinnvoll, wenn Ihr Angebot einen höheren Kundennutzen generiert als vergleichbare Produkte. Daher ist es unumgänglich, dass Sie den Kundennutzen, den Ihr Angebot generiert, möglichst präzise darstellen und mit demjenigen alternativer Angebote vergleichen. Stellen Sie dar, was Ihr Angebot aus Kundensicht vorteilhaft macht und warum potenzielle Kunden Ihr Produkt und nicht das Produkt eines konkurrierenden Anbieters kaufen sollten.

Dieser Vorteil gegenüber konkurrierenden Produkten wird in der Regel als „Alleinstellungsmerkmal" bzw. → Unique Selling Proposition (USP) bezeichnet.[3]

Unique Selling Proposition

- Ihr Produkt/Ihre Dienstleistung besitzt gegenüber Konkurrenzprodukten einen Vorteil.
- Sie können z. B. ein Produkt kostengünstiger produzieren.
- Selbst eine höhere Zuverlässigkeit Ihres Produkts verschafft Ihnen eine USP.
- Dabei kann es sich auch um ein komplett neues Produkt handeln.
- Wichtig ist, dass Sie im Businessplan den Nutzen, den Ihr Produkt dem Kunden liefert, hervorheben.
- Beispiel: Bei der Markteinführung war das Alleinstellungsmerkmal des Apple iPhones die intuitiv zu bedienende Benutzeroberfläche des Geräts.

Alleinstellungsmerkmale

Je stärker das Alleinstellungsmerkmal Ihres Produkts ausgeprägt ist, desto größer sind die Erfolgsaussichten für Ihre Gründung. Ein Alleinstellungsmerkmal kann nun einerseits darin bestehen, dass ein Problem erstmalig gelöst wird. In diesem Fall wird es keine oder nur wenig Konkurrenzprodukte geben. Der Kundennutzen resultiert dann bereits aus der Existenz Ihres Produkts, da Sie ein Problem lösen, für das es bisher keine Lösung gab – allerdings müssen Sie im Businessplan trotz allem versuchen, das Problem möglichst genau zu beschreiben und den Nutzen Ihrer Lösung für den Kunden entsprechend zu begründen. Andererseits kann Ihr Angebot auch ein Problem lösen, für das bereits alternative Lösungen anderer Anbieter existieren. Ein Alleinstellungsmerkmal kann in diesem Fall nur dann entstehen, wenn sich Ihr Angebot von der Konkurrenz in mindestens einem Charakteristikum wesentlich unterscheidet. Ein Alleinstellungsmerkmal kann beispielsweise daraus erwachsen, dass Sie Ihre Problemlösung für den Kunden billiger anbieten können als konkurrierende Anbieter. Es könnte jedoch auch daraus resultieren, dass Ihre Problemlösung mit einer Zeitersparnis oder einer höheren Zuverlässigkeit einhergeht. Da es in der Regel konkurrierende Anbieter für ähnliche Problemlösungen gibt, ist es beim Formulieren des Businessplans besonders wichtig, die Existenz eines Alleinstellungsmerkmals klar darzustellen. Versetzen Sie sich dabei immer in die Lage eines potenziellen Kunden und versuchen Sie, Ihr Angebot aus dessen Perspektive zu beurteilen.

Technische Umsetzbarkeit

Neben der Darstellung Ihrer Produktidee und des daraus resultierenden Kundennutzens sollte ein Businessplan auch immer darstellen, inwieweit die Umsetzung der Idee zu einem erfolgreichen Produkt machbar ist. Be-

[3] Vgl. Runia, Peter; Wahl, Frank; Geyer, Olaf; Thewißen, Christian: Marketing: Eine prozess- und praxisorientierte Einführung; Oldenbourg Verlag, 2. überarbeitete und erweiterte Auflage, München 2007, S. 116.

sonders in frühen Phasen einer Unternehmensgründung ist häufig noch kein marktreifes Produkt vorhanden. Oft gibt es nur einen Prototyp, der demonstriert, wie ein Problem technisch lösbar ist, jedoch noch weit von einem marktfähigen Produkt entfernt ist. In diesen Fällen müssen Sie schlüssig darstellen, inwieweit die Entwicklung eines Serienprodukts machbar ist und welche technischen Schritte noch dazu notwendig sind. Stellen Sie auch verbleibende Risiken dar, die die Entwicklung Ihrer Idee zu einem marktfähigen Produkt gefährden können. Sollten noch umfangreiche Arbeiten im Rahmen der Produktentwicklung notwendig sein, geben Sie deren Umfang an. Ein weiterer Aspekt, der im Rahmen der Machbarkeit beachtet werden sollte, sind Anforderungen, die der Gesetzgeber an Produkte und Dienstleistungen stellt. Im Businessplan sollte daher erörtert werden, inwieweit Sie für Ihr Produkt von Genehmigungen von Behörden oder vom TÜV abhängig sind und ob diese bereits beantragt wurden. Stellen Sie auch hier die Risiken einer Nichtgenehmigung dar und bereiten Sie Ersatzpläne vor.

USP von Dauer?

Neben dem Alleinstellungsmerkmal und der technischen Machbarkeit Ihrer Produktidee ist ein Leser natürlich auch daran interessiert, ob Ihr Alleinstellungsmerkmal von Dauer sein wird. Ist davon auszugehen, dass Sie Ihr Alleinstellungsmerkmal nach kurzer Zeit verlieren werden, weil konkurrierende Anbieter ihre Produkte anpassen, ist Ihr Vorhaben natürlich weitaus weniger erfolgversprechend als in einer Situation, in der davon auszugehen ist, dass Ihr Alleinstellungsmerkmal ein dauerhaftes sein wird.

Patentierung

Basiert Ihr Alleinstellungsmerkmal auf einer technischen Erfindung – entweder in Form einer neuen Produktidee oder in der Verbesserung von Produktionsprozessen, die die Herstellungskosten senken – können Sie für Ihre Erfindung ein Patent anmelden.

In diesem Fall bestehen gute Chancen, dass Ihr Alleinstellungsmerkmal von Dauer sein wird. Sollten Sie eine Patentierung Ihrer Erfindung anstreben, erwähnen Sie dies im Businessplan. Wenn Sie bereits eine Patentanmeldung eingereicht haben, geben Sie den Verfahrensstand im Businessplan an.

Basiert Ihr Alleinstellungsmerkmal auf nichttechnischen Merkmalen, scheidet eine Patentierung in der Regel aus. In diesem Fall benötigen Sie andere schlagkräftige Argumente, weshalb Sie ein Produkt anbieten können, das den Angeboten der Konkurrenz auf Dauer überlegen ist. Denkbar ist beispielsweise, dass Sie mit dem Angebot eines neuartigen Produkts einen hohen Grad an Kundenbindung erzielen können, die einen Wechsel Ihrer Kunden zu anderen Anbietern langfristig erschwert.

Ein Beispiel aus der Praxis – SEMESTERBOOKS.de

2. Die Geschäftsidee von Semesterbooks.de	
Wir möchten Sie bitten, sich mit folgendem Problem, welches Tag für Tag Studierende beschäftigt, auseinanderzusetzen:[8]	8 Nachdem in der Executive Summary das Geschäftskonzept kurz zusammengefasst wurde, um dem Leser einen ersten Überblick zu verschaffen, geht SEMESTERBOOKS.de in den folgenden Kapiteln des Businessplans ins Detail.
Sie sind Student/-in und ein neues Semester hat begonnen. Ihr Professor empfiehlt Ihnen eine unendlich lange Liste an Buchtiteln, die Sie sich unbedingt alle kaufen sollen. Wie kommen Sie jedoch möglichst günstig an die benötigte Fachliteratur? Natürlich ist die nächste Buchhandlung nicht weit entfernt und im Internet gibt es eine große Auswahl an Online-Buchhändlern wie Amazon.de & Co. Helfen Ihnen diese Anbieter jedoch tatsächlich dabei, die für Ihr Studium, Ihre Professoren und Ihre Hochschule passende Fachliteratur zu finden und dazu noch günstig zu verschaffen?[9]	9 Besonders das ausführliche Beschreiben des der Geschäftsidee zugrundeliegenden Kundennutzens zeigt, dass sich das Team von SEMESTERBOOKS.de sehr genau über die Marktlücke, die geschlossen werden soll, im Klaren ist. Bei technisch anspruchsvollen Produkten sollte die Darstellung des Kundennutzens in einfacher Weise erfolgen. Bei einer zu techniklastigen Darstellung droht die Gefahr, dass der Leser nicht in der Lage ist, das Potenzial der Produktidee richtig einzuschätzen. Auch besteht die Gefahr, dass der Kapitalgeber dem Gründer unterstellt, nicht fähig zu sein, seine Produkte dem Kunden näherzubringen. Schließlich führt ein noch so gutes Produkt nur zum Erfolg, wenn der Kunde auch den Nutzen des Produkts erkennt.
Im Hinblick auf die hohen Studiengebühren sowie die gestiegenen Lebenshaltungskosten ist Ihnen klar, dass Sie das Geld lieber für etwas anderes ausgeben möchten. Ein bereits gebrauchtes Buch ist günstiger und stiftet denselben Nutzen. Woher bekommen Sie die gebrauchte Fachliteratur? Das Durchsuchen der Schwarzen Bretter dauert ewig und ist oft nicht erfolgversprechend. Die Bibliotheken haben zwar teilweise die benötigte Literatur, die Leihfristen und Stückzahlen sind jedoch meistens stark beschränkt.	
Die Lösung:[10]	10 Nachdem SEMESTERBOOKS.de dem Leser das Problem bzw. das Marktpotenzial aufgezeigt hat, beginnt nun das intensive Aufarbeiten der eigentlichen Produktidee.
SEMESTERBOOKS.de ist die neue Bücherbörse für Studierende. Die Besonderheit: Jede Hochschule hat ihren eigenen Marktplatz auf den Internetseiten von SEMESTERBOOKS.de.	

Durch die Möglichkeit, gezielt an der eigenen Hochschule Bücher zu suchen und anzubieten, ist die Wahrscheinlichkeit, infolgedessen ein Buch zu kaufen bzw. zu verkaufen, sehr hoch. Begünstigt wird dies dadurch, dass die Studierenden hochschulintern von Semester zu Semester in der Regel die jeweils gleichen Bücher für ihr Studium benötigen. Käufer und Verkäufer können sich an der Hochschule (Mensa, Campus) treffen, somit wird ein schneller und bequemer Bücherhandel ermöglicht.

Last but not least ermöglichen die lokalen Marktplätze von SEMESTERBOOKS.de den versandkostenfreien und provisionsfreien Bücherhandel an der eigenen Hochschule.

Darüber hinaus bietet SEMESTERBOOKS.de den Studierenden auch neue Bücher fürs Studium zum Kauf< an.

Dieses Geschäftsmodell wird bereits in anderen Ländern erfolgreich praktiziert:

- In Irland bieten Universitäten diesen Service für ihre Studierenden an.
- In den USA gibt es bereits Geschäftsmodelle, die vergleichbar sind.[11]

SEMESTERBOOKS.de bietet den Usern zusätzlich noch den gegenseitigen Austausch über die Fachliteratur. Die Community-Funktionen erleichtern die Suche nach dem richtigen Buch für das jeweilige Fach und bieten den Usern die Möglichkeit zur Interaktion.

Weiter wird SEMESTERBOOKS.de durch das Verleihen von Büchern nun alle Möglichkeiten abdecken, Bücher zu erwerben. Dieses Modell wurde in den USA schon erfolgreich getestet, und wir würden es mit SEMESTERBOOKS.de hier in Deutschland etablieren.

Es sind drei Preisklassen von Büchern auf SEMESTERBOOKS.de verfügbar. Von günstig und benutzt über Mittelklasse und kaum Gebrauchsspuren aufweisend bis hin zu neuen Büchern bietet SEMESTERBOOKS.de jedem User für seine Bedürfnisse und Vorlieben das richtige Buch.

11 Durch den Verweis auf ähnliche Unternehmensgründungen in Irland und den USA gelingt es SEMESTERBOOKS.de, dem Leser zu vermitteln, dass sowohl der Markt als auch die Umsetzbarkeit ihrer Idee in anderen Ländern bereits sondiert und als erfolgversprechend eingeschätzt wurden.

In den Monaten von November 2008 bis April 2009 wurden die Funktionen erweitert und verbessert, sodass man noch schneller und zielgerichteter an die gewünschten Bücher kommt. Ein Beispiel dafür ist die Möglichkeit, Gesuche aufzugeben. Anfang April 2009 war der Startschuss für den kompletten Relaunch, und wir haben die Beta-Version damit einhergehend erfolgreich abgeschlossen.	
Fazit: SEMESTERBOOKS.de ist der Marktplatz für neue und gebrauchte Bücher fürs Studium.[12]	12 Besonders leserfreundlich ist auch das abschließende Zusammenfassen der einzelnen Kapitel durch ein kurzes Fazit.
Das langfristige Unternehmensziel: Langfristig soll SEMESTERBOOKS.de die erste Anlaufstelle für Literatur im und um das Studium sowie für Fachbücher nach dem Studium werden.[13]	13 Die Darstellung des Gesamtkonzepts von SEMESTERBOOKS.de wird durch die Angabe langfristiger Unternehmensziele abgerundet und zeigt dem Leser, dass das Gründungsprojekt SEMESTERBOOKS.de sorgfältig geplant wurde.

2.4 Markt und Wettbewerb – an wen Sie wie viel verkaufen wollen

Der Erfolg Ihrer Unternehmensgründung bzw. Ihres Unternehmens hängt von zwei wesentlichen Faktoren ab. Zum einen muss ein Markt für die von Ihnen angebotenen Produkte existieren und über eine hinreichende Größe verfügen. Zum anderen müssen Sie in der Lage sein, sich innerhalb des Marktes gegenüber potenziellen Wettbewerbern durchzusetzen. In Ihrem Businessplan müssen Sie dabei dem Adressaten deutlich machen, dass diese beiden Kriterien erfüllt sind und dies glaubhaft belegen. Die Ziele des Abschnitts „Markt und Wettbewerb" sind in Abbildung 8 übersichtlich zusammengefasst.

Quellen für Marktinformation

Bei der Erstellung des Abschnitts „Markt und Wettbewerb" Ihres Businessplans empfiehlt es sich auf jeden Fall, Zahlenmaterial zu sammeln, das Ihre Aussagen stützt und sie glaubhaft macht. Hilfreich ist es immer, wenn Sie Angaben zur Größe des für Sie relevanten Markts aus veröffentlichten Statistiken oder Studien übernehmen bzw. ermitteln können. Vergessen Sie dabei aber nie, diejenigen Quellen anzugeben, aus denen die von Ihnen im Businessplan verwendeten Informationen stammen. Mittlerweile gibt es zahlreiche Quellen für derartige Marktinformationen kostenlos im Internet. Dabei bietet es sich an, insbesondere auf den Internetseiten von Statistischen Ämtern (z. B. das Statistische Bundesamt Deutschland, www.destatis.de) oder den einschlägigen Industrieverbänden und Interessenvertretungen mit der Suche nach relevantem Zahlenmaterial zu beginnen. Vor allem die Interessenvertretungen verschiedener Branchen verfügen oft über frei zugängliche Informationen bezüglich Marktgrößen und -strukturen, vielfach sogar heruntergebrochen auf einzelne Marktsegmente.

Ziel	• Position am gesamten Markt aufzeigen • Klassifizierung des Unternehmens im Wettbewerb
Inhalt	• Markt- und Wettbewerbsanalyse • Marktsegmentierung • Zielgruppen und deren Bedürfnisse • Marktpotenzial: Marktgröße/Marktanteil Gesamtumsatz prognostiziertes Marktwachstum
Tipps	• Gehen Sie nach Top-down- und Bottom-up-Planung vor • Zeigen Sie auf, was für Sie die attraktivsten Marktsegmente sind • Geben Sie Quellen für die Marktdaten an!

Abbildung 8: Wesentliche Zielsetzungen und Inhalte für den Punkt „Markt und Wettbewerb"

Dies sind aber keineswegs die einzigen Quellen, die wertvolle Informationen enthalten können. Oftmals stellen auch Beratungsunternehmen die Ergebnisse ihrer Marktstudien im Internet kostenlos zum Download zur Verfügung. Derartige Quellen lassen sich oft durch die Nutzung von Suchmaschinen identifizieren. Experimentieren Sie dabei mit unterschiedlichen Kombinationen von Suchbegriffen. Alternativ können Sie von verschiedenen Anbietern auch kostenpflichtige Marktstudien erhalten. Diese sind in der Regel jedoch vergleichsweise teuer. Die dynamic technologies GmbH bietet unter der Internetadresse www.markt-studie.de als Intermediär Zugang zu einer Vielzahl kostenpflichtiger Marktstudien.

An dieser Stelle sollte jedoch betont werden, dass die Wahrscheinlichkeit, genaue Angaben über die Größe (und eventuell sogar über die zeitliche Entwicklung) des für Sie relevanten Marktes in verfügbaren Marktstudien zu finden, relativ gering ist. Lassen Sie sich dadurch nicht entmutigen, sondern versuchen Sie, auf anderem Wege, Abschätzungen von Marktgröße und -entwicklung zu erhalten.

2.4.1 Marktanalyse – auf der Suche nach den Käufern

Wie lässt sich also dann die Marktgröße des für Ihr Vorhaben relevanten Markts aus den gesammelten Informationen ermitteln? In der Regel müssen Sie verfügbare Informationen im Rahmen von Überschlagsrechnungen oder Schätzungen derart verknüpfen, dass Sie eine grobe Angabe über die Marktgröße abgeben können. Dabei lassen sich diese Überschlagsrechnungen prinzipiell in sogenannte → Top-down- und → Bottom-up-Ansätze unterteilen.

Top-down-Ansatz

Beim Top-down-Ansatz beginnen Sie mit der Ermittlung der Größe eines übergeordneten Marktes. Im Gegensatz zu Angaben über spezifische Teilmärkte sind Informationen zu übergeordneten Märkten in der Regel einfach und ohne Kosten zu bekommen. Dabei ist es üblicherweise erforderlich, dass Sie Annahmen darüber treffen, in welchem Verhältnis der von Ihnen angepeilte Markt zu dem Markt steht, für den Sie Daten zur Verfügung haben. Nehmen Sie z. B. an, Sie produzieren ein bestimmtes Zubehörteil (z. B. Kofferraummatten) für Kombi-Fahrzeuge. Ideal wäre es, Informationen bzgl. der Größe des Gesamtmarktes für Kraftfahrzeug-Zubehör zu erhalten. Unter Umständen steht Ihnen dabei noch eine Untergliederung in Segmente zur Verfügung. So könnte die gefundene Quelle weitere Angaben enthalten, welcher Umsatz derzeit im Bereich Plastikmatten erzielt wird. Wenn Sie dann noch eine Annahme treffen, welcher Teil davon auf Kofferraummatten entfällt, haben Sie die Größe des relevanten Marktes nach der Top-down-Methode ermittelt.

Top-down

- Top-down bezeichnet eine Analyse, die „von oben nach unten" bzw. vom Allgemeinen zum Speziellen schreitet.
- Im Rahmen der Ermittlung von Marktgrößen bedeutet dies, bekannte Größen eines aggregierten Marktes als Ausgangspunkt für eine Ableitung der Größe von Marktsegmenten zu nutzen.
- Beispiel: Die Gesamtgröße des Marktes für Kfz in Deutschland kann als Ausgangspunkt zur Ermittlung der Marktgröße für Kombi-Fahrzeuge dienen.

Bottom-up-Ansatz

Alternativ zum Top-down-Ansatz können Sie auch „von unten" mit der Ermittlung der Marktgröße beginnen. Dies entspricht dann dem Vorgehen nach dem Bottom-up-Ansatz. Dabei müssen Sie zuerst die Zahl der potenziellen Käufer Ihres Produkts ermitteln und mit dem Durchschnittspreis für Kofferraummatten multiplizieren. So ist relativ einfach zu ermitteln, dass in Deutschland im Jahr 2007 insgesamt 3.148.163 Kfz zugelassen wurden (übergeordneter Markt). Trifft man nun die Annahme (oder ermittelt die tatsächliche Information), dass jedes zehnte Automobil ein Kombifahrzeug ist, erhält man als Marktgröße für Kombis eine Zahl von ca. 315.000 verkauften Autos pro Jahr in Deutschland. Nun müssen Sie noch eine Annahme treffen, welcher Anteil der Käufer eines Kombis potenziell auch Ihr Produkt kaufen wird, und Sie erhalten die Zahl der potenziellen Käufer Ihres Produkts. Wenn Sie diese Zahl mit dem Durchschnittspreis von Kofferraummatten multiplizieren, erhalten Sie eine Abschätzung der Marktgröße nach dem Bottom-up-Prinzip.

Bottom-up

- Bottom-up bezeichnet eine Analyse, die „von unten nach oben" bzw. von der individuellen Beobachtung zu aggregierten Angaben schreitet.
- Im Rahmen der Ermittlung von Marktgrößen bedeutet dies, mit der Analyse einzelner Konsumenten zu beginnen und dann durch die Zahl entsprechender Konsumenten die gesamte Größe des Marktes zu ermitteln.
- Beispiel: Nach Ermittlung der Zahl potenzieller Käufer von Kombifahrzeugen und der durchschnittlichen Zahlungsbereitschaft lässt sich die Gesamtgröße des Marktes für Kombifahrzeuge ermitteln.

In der Regel wird die verfügbare Datenbasis keine Ermittlung genauer Abschätzungen von Marktgrößen mittels Top-down- oder Bottom-up-Ansatz erlauben. Aus diesem Grund empfiehlt es sich zur Plausibilisierung der ermittelten Marktgrößen, beide Methoden anzuwenden und zu überprüfen, ob die erhaltenen Ergebnisse vergleichbar sind. Sofern dies nicht der Fall ist, sollten Sie Ihr Vorgehen nochmals überdenken und gegebenenfalls die von Ihnen getroffenen Annahmen und Ausgangsdaten einer genauen Prüfung unterziehen.

2.4.2 Wettbewerbsanalyse – ein Blick auf die Konkurrenz

Produkte mit ähnlichem Nutzen

Nachdem Sie die Größe des relevanten Marktes ermittelt haben, stellt sich unmittelbar die Frage, welchen Anteil des Gesamtmarktes Sie mit Ihrem Unternehmen abschöpfen können. Die Annahme, dass Sie den gesamten Markt bedienen werden, ist völlig unglaubwürdig. So ist davon auszugehen, dass Sie nicht der einzige Anbieter sein werden, der die bestehende Nachfrage abdecken kann und wird. Die Adressaten eines Businessplans interessieren sich daher vor allem für die Frage, welche Produkte noch existieren, die einen ähnlichen Kundennutzen wie Ihr Produkt bieten. Diese stellen die unmittelbare Konkurrenz dar, gegen die Sie sich mit Ihrem Produkt auf dem Markt durchsetzen müssen. Im Abschnitt „Markt und Wettbewerb" müssen Sie daher auf konkurrierende Produkte und deren Hersteller eingehen. Aus einer sog. → Wettbewerbsanalyse sollten Sie ableiten, wie die Stellung Ihres Unternehmens gegenüber Ihren Hauptwettbewerbern ist. Idealerweise ergibt sich daraus eine plausible Schätzung, welchen Teil des Marktes Sie letztendlich erfolgreich bedienen und wie profitabel Sie Ihre Produkte anbieten können. In der Regel gilt nämlich: Je höher der Wettbewerbsdruck in einer Branche, desto niedriger die Preise und somit die Gewinne der Anbieter.

Wettbewerbsanalyse

Unter „Wettbewerbsanalyse" versteht man die Aufstellung und Bewertung der Methoden, Verhaltensweisen und Produkte, mit der Wettbewerber in einem definierten Markt operieren (Quelle: Wikipedia). Sie verfolgt folgende Ziele:

- Erkennen, wer die Hauptwettbewerber sind und welche Produkte die engste Konkurrenz darstellen
- Ziele sowie die Stärken und Schwächen der Wettbewerber analysieren
- Reaktionen der Wettbewerber auf Änderungen der Marktsituation (z. B. durch den Eintritt Ihres Unternehmens) abschätzen
- Weitere Determinanten des Wettbewerbsdrucks identifizieren

Analyseschema nach Porter

Zur Durchführung einer Wettbewerbsanalyse bietet es sich an, auf ein etabliertes Analyseschema zurückzugreifen, das auf den Harvard-Professor Michael Porter zurückgeht. Porter schlägt dabei vor, die Determinanten des Wettbewerbsdrucks auf einem Markt in fünf Kategorien zu unterteilen: die existierende Konkurrenz zwischen bestehenden Anbietern, die Bedrohung durch neue Anbieter, Gefahr durch alternative Produkte oder neue Technologien sowie die Verhandlungsmacht der Kunden und die Verhandlungsmacht der Lieferanten (siehe auch Abbildung 9). Im Folgenden soll auf die Kategorien kurz eingegangen werden.[4]

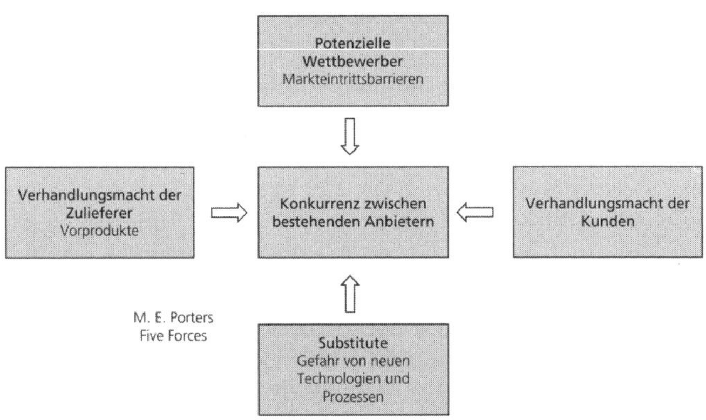

Abbildung 9: Schematische Darstellung der Wettbewerbskräfte nach Porter (1980)

Konkurrenz zwischen bestehenden Anbietern

Konkurrenzdruck

Zu Beginn jeder Wettbewerbsanalyse steht eine genaue Auswertung der Konkurrenzsituation innerhalb eines bestehenden Marktes. Hier steht die Frage im Vordergrund, welche anderen Unternehmen auf dem Markt tä-

4 Vgl. Porter, Michael E.: Competitive Strategy: Techniques for analyzing industries and competitors; The Free Press, New York 1980, S. 4.

tig sind, auf dem Sie auch tätig werden wollen, und wie stark der Konkurrenzdruck durch diese ist. In der Regel ist die Konkurrenz zwischen bestehenden Anbietern der Haupttreiber des Wettbewerbs auf einem Markt. Eine Analyse der Konkurrenzsituation zwischen bestehenden Wettbewerbern sollte zum einen Aufschluss über den derzeitigen Status quo eines Marktes geben. Zu beantworten sind Fragen nach der Gesamtzahl der Wettbewerber und der Verteilung der Marktanteile auf diese Wettbewerber. Gibt es beispielsweise einen dominanten Anbieter, der einen hohen Marktanteil hält, oder sind die Wettbewerber in etwa gleich groß?

Kosten-strukturen

Sofern möglich, sollten Sie auch versuchen, Informationen über typische Kostenstrukturen zu erhalten. In manchen Märkten sinken die Kosten der Produktion mit der Zahl der hergestellten Produkte. In einem solchen Fall verfügen große Anbieter über einen Kostenvorteil, der ihnen ermöglicht, bei zunehmendem Wettbewerbsdruck den Angebotspreis eventuell weiter zu senken als kleinere Konkurrenten.

Künftige Marktentwicklung

Neben einer Analyse des Status quo sollte eine Wettbewerbsanalyse zum anderen die zukünftige Entwicklung eines Marktes beleuchten. Es ist nämlich davon auszugehen, dass der Wettbewerbsdruck auf Märkten, die im Zeitablauf wachsen, geringer ist als auf stagnierenden oder gar schrumpfenden Märkten. Sinkt die Marktgröße, entstehen schnell Überkapazitäten der Produktion, die dazu führen können, dass Wettbewerber – um eine Auslastung der Produktionsanlagen zu gewährleisten – die Preise senken und somit auch Ihr Unternehmen zu einer Preissenkung zwingen. In wachsenden Märkten hingegen gibt es oft einen Nachfrageüberhang, der einen Preiswettbewerb verhindert. Versuchen Sie daher auch, Wachstumsraten für den relevanten Markt über mehrere Jahre der Vergangenheit zu ermitteln, und geben Sie eine Abschätzung der zukünftigen Wachstumsraten an.

Potenzielle Wettbewerber

Abgesehen von Unternehmen, die bereits mit Produkten auf dem für Sie relevanten Markt aktiv sind, kann zusätzlich Konkurrenz erwachsen, wenn neue Anbieter in den Markt eintreten. Diese neu eintretenden Wettbewerber stellen eine Gefahr für den Erfolg Ihres Unternehmens dar. Aus diesem Grund muss eine Wettbewerbsanalyse auch die Wahrscheinlichkeit untersuchen, mit der es zum Eintritt neuer Wettbewerber kommen wird. Diese Gefahr hängt maßgeblich von der Existenz von → Markteintrittsbarrieren ab.

Markteintrittsbarrieren

Markteintrittsbarrieren sind alle Umstände, die potenzielle Wettbewerber daran hindern, in einen Markt einzutreten. Dazu zählen insbesondere:

- Die Notwendigkeit hoher Investitionen (z. B. in Produktionsanlagen) vor dem Markteintritt
- Eine starke Kundenbindung bereits aktiver Wettbewerber (z. B. durch ein gutes Unternehmensimage)
- Die relevante Technologie ist nicht unmittelbar verfügbar (z. B. weil sie patentiert ist oder noch Investitionen in Forschung und Entwicklung erfordert).
- Es besteht ein Mangel an qualifizierten Arbeitskräften (z. B. Facharbeitermangel in Deutschland).
- Gesetzliche Vorschriften (z. B. Auflagen zum Gesundheits- und Umweltschutz)

Eigene Ressourcen überprüfen

Je höher bestehende Markteintrittsbarrieren auf Märkten sind, desto geringer ist die Gefahr, dass neue Wettbewerber in den Markt eintreten, die Wettbewerbsintensität erhöhen und somit Ihre Gewinne schmälern.[5] Hohe Markteintrittsbarrieren stellen daher einen Wettbewerbsvorteil bereits bestehender Unternehmen dar. Die Analyse bestehender Markteintrittsbarrieren für den für Sie relevanten Markt gibt Ihnen auch die Möglichkeit, die Plausibilität Ihrer Planung erneut zu überprüfen: Sind Sie gerüstet, die bestehenden Markteintrittsbarrieren erfolgreich zu meistern? Über welche Fähigkeiten oder Ressourcen verfügt Ihr Unternehmen, dies besser zu tun als andere potenziell eintretende Wettbewerber? Nur wenn Sie diese Fragen schlüssig beantworten können, liegt eine plausible Planung für Ihre Unternehmensgründung vor.

Gefahr durch Substitute

Ein Aspekt, der bisher im Rahmen der Wettbewerbsanalyse noch nicht angesprochen wurde, ist die Gefahr, dass potenzielle Käufer Ihres Produkts auf andere Produkte ausweichen, die einen ähnlichen Kundennutzen bieten. Man spricht bei solchen Produkten von → Substituten.

Substitute

Als „Substitute" bezeichnet man in der Regel Produkte, die dieselben oder ähnliche Bedürfnisse stillen und daher vom Konsumenten als austauschbar angesehen werden. Ursache für eine solche Austauschbeziehung ist die funktionale Austauschbarkeit zwischen zwei Gütern. Sie ist gegeben, wenn sich die Güter in Preis, Qualität und Leistung so weit entsprechen, dass sie dazu geeignet sind, denselben Bedarf beim Nachfrager zu decken.

Ein treffendes Beispiel für eine gelungene Substitution ist der Konsumwandel von Bier zu Wein oder umgekehrt.

---

5 Vgl. Freiling, Jörg; Reckenfelderbäumer, Martin: Markt und Unternehmung; Gabler Verlag, Wiesbaden 2007, S. 144.

Beispiele für Substitute

Ein klassisches Beispiel von Substituten sind Butter und Margarine, bei denen die Austauschbarkeit offensichtlich ist. Es gibt jedoch weniger offensichtliche Beispiele für Substitute: So ist zum Beispiel davon auszugehen, dass Luxussportwagen als Substitute von exklusiven Motorjachten oder Segelbooten gesehen werden können. Der Kundennutzen eines Luxussportwagens besteht nämlich in der Regel nicht nur aus der Möglichkeit, von A nach B zu fahren, sondern zu großen Teilen auch aus der Möglichkeit, finanziellen Erfolg zu signalisieren. Da dies auch für den Kauf einer Segeljacht zutrifft, ist anzunehmen, dass Segeljachten und Luxussportwagen in einer Austauschbeziehung stehen.

Die Betrachtung von Substituten in der Wettbewerbsanalyse ist wichtig, weil in der Regel die Nachfrage nach austauschbaren Gütern mit dem Preis gekoppelt ist. Steigt der Preis eines Gutes, wird die Kundennachfrage danach sinken. Im gleichen Zug aber steigt die Nachfrage nach dem preislich unveränderten Substitutionsgut. Somit besteht immer ein Zusammenhang zwischen der Nachfrage nach einem Gut und der Preisentwicklung möglicher Substitute. Eine mögliche Bedrohung für Ihr Geschäftsmodell besteht also darin, dass Substitute im Preis sinken und somit die Nachfrage nach Ihrem Angebot sinkt. In Ihrem Businessplan sollten Sie daher Auskünfte darüber geben, inwieweit diese Gefahr besteht.

Verhandlungsmacht

Position Abnehmer/ Lieferanten

Nach Porter hängt die Wettbewerbsintensität auch davon ab, welche → Verhandlungsmacht Abnehmer und Lieferanten gegenüber Ihrem Unternehmen haben. Die Verhandlungsmacht Ihrer Zulieferer ist vor allem dann relevant, wenn Sie auf bestimmte Zwischenprodukte für die Herstellung Ihres Produkts angewiesen sind.

Verhandlungsmacht

„Verhandlungsmacht" (engl. bargaining power) beschreibt die relative Stärke der Verhandlungsposition zwischen Personen oder Organisationen während eines Interessenausgleichs. Im Kontext der Wettbewerbsanalyse ist sie vor allem relevant, wenn erzielbare Gewinne zwischen verschiedenen Parteien verteilt werden sollen.

Gewinn je nach Verhandlungsmacht

Steht eine große Zahl Lieferanten zur Auswahl, die dieses Zwischenprodukt in ähnlicher Qualität und Zeit liefern können, ist die Verhandlungsmacht der Lieferanten relativ gering. Sie werden nur einen relativ geringen Einkaufspreis für das Zwischenprodukt aushandeln können. In diesem Fall sollte der erzielbare Gewinn mit dem von Ihnen gefertigten Produkt relativ hoch sein. Denkbar ist jedoch auch eine Situation, in der Sie zur Fertigung Ihres Produkts ein bestimmtes Zwischenprodukt benötigen, das nur wenige (oder im Extremfall nur ein Lieferant) anbieten können. In diesem Fall können Sie in Preisverhandlungen nicht mit der Abwanderung zu anderen Lieferanten drohen. Die Verhandlungsmacht der Lieferanten ist also relativ hoch und entsprechend gering sind die Chancen, günstige Preise für das Zwischenprodukt vereinbaren zu können. Ihr Gewinn wird in einer derartigen Situation geschmälert.

Analog ist die Situation auf dem Absatzmarkt zu betrachten. Hier ist die Verhandlungsmacht der Abnehmer ausschlaggebend dafür, welche Absatzpreise Sie durchsetzen können. Geht man davon aus, dass Sie Ihr Produkt an eine große Zahl von Kunden verkaufen, ist die Verhandlungsmacht des einzelnen Kunden relativ gering. Wenn ein Kunde droht, nicht mehr (oder nur zu reduzierten Preisen) bei Ihnen zu kaufen, sind die Auswirkungen auf Ihren Gesamtgewinn relativ niedrig. In derartigen Situationen sollten Sie in der Lage sein, vergleichsweise hohe Preise am Markt durchzusetzen. Anders hingegen ist die Situation, wenn Sie sich nur wenigen (oder im Extremfall nur einem) Abnehmern für Ihre Produkte gegenübersehen. In dieser Situation ist die Verhandlungsmacht der Abnehmer hoch. Sollten Sie einen Ihrer wenigen (oder gar Ihren einzigen) Kunden verlieren, wird dies dramatische Auswirkungen auf den Erfolg Ihres Unternehmens haben. Es ist davon auszugehen, dass Sie in dieser Situation durch Ihre Abnehmer zu Preissenkungen gezwungen werden, die den Unternehmensgewinn schmälern.[6]

Zahlen und Quellen als Belege

Wie Sie sehen, bietet Porters Analyseschema einen umfassenden Rahmen zur Analyse der Wettbewerbssituation auf dem für Sie relevanten Markt. Wenn Sie den Punkt „Markt und Wettbewerb" bei der Erstellung Ihres Businessplans erarbeiten, kann es Ihnen daher eine wertvolle Stütze zur Strukturierung der Wettbewerbsanalyse bieten. Wenn Sie die jeweiligen Punkte abarbeiten, sollten Sie immer daran denken, Ihre Aussagen so weit wie möglich mit Zahlenmaterial zu untermauern und relevante Quellen anzugeben. Dies erhöht die Glaubwürdigkeit Ihrer Aussagen.

Ein Beispiel aus der Praxis – SEMESTERBOOKS.de

3. Markt und Wettbewerb Im Folgenden wird der Markt, auf dem SEMESTERBOOKS.de agiert, dargestellt.[14] Danach gehen wir auf unsere Konkurrenz ein und erläutern als dritten Punkt unsere Zielgruppe.	14 Am Businessplan von SEMESTER-BOOKS.de fällt positiv auf, dass er sich an die übliche Gliederung eines Businessplans hält, wie sie auch im Rahmen des vorliegenden Buches vorgestellt wird. Nach der Executive Summary und der Produktbeschreibung bzw. der Beschreibung des Geschäftskonzepts folgt in der Regel die Markt- und Wettbewerbsanalyse.
3.1 Markt & Trend 3.1.1 Büchermarkt Allgemein[15]	15 Dieses strukturierte Vorgehen erlaubt dem Leser, zielstrebig und ohne großen Aufwand den Businessplan von SEMESTERBOOKS.de zu analysieren.

6 Vgl. Lindstädt, Hagen; Hauser, Richard: Strategische Wirkungsbereiche des Unternehmens: Spielräume und Integrationsgrenzen erkennen und gestalten; Gabler Verlag, Wiesbaden 2004, S. 41–42.

Der deutschsprachige Büchermarkt ist einer der größten der Welt. Der Umsatz der Branche betrug 9,4 Milliarden € im Jahre 2007. Mit einem Anteil von 56,5 % am gesamten Buchumsatz ist der Sortimentsbuchhandel zwar immer noch der mit Abstand bedeutendste Vertriebsweg für Bücher,

der Anteil des traditionellen Fachhandels geht langfristig jedoch zugunsten des Online-Handels zurück.[16]

16 Besonders gut lässt sich am Beispiel von SEMESTERBOOKS.de das beschriebene Top-down-Verfahren der Marktanalyse nachvollziehen.

Marktanteile der verschiedenen Vertriebswege

3.1.2 Versandbuchmarkt

Der Versandbuchhandel ist im vergangenen Jahr gegen den Trend gewachsen. In diesem Bereich ist der Umsatz auf einen Anteil von über 10 % (1,03 Milliarden €) gestiegen, obwohl der Markt insgesamt stagniert ist.

Die Branche wird vor allem im Bereich der Gebrauchtbuch-Börsen verändert werden. Anfangs wurde dieser Markt als „Flohmarkt" verschrien, jedoch werden die Umsätze und die Anzahl der Teilnehmer immer höher.[17]

(Quelle: Christian Russ, Geschäftsführer des Bundesverbandes der Deutschen Versandbuchhändler)

17 Auch hier bleibt SEMESTER-BOOKS.de beim bloßen Nennen von eher „nüchternen" Zahlen, anstatt mit ausschweifenden Floskeln auf das Wachstum der Branche hinzuweisen.

3.1.3 Fachbücher im Studium

Im Laufe der Zeit hat sich die Fachliteratur mit 10 % auf den 3. Platz der meistverkauften Bücher im Internet vorgearbeitet. Fachbücher und ausgewählte Nischentitel bilden mehr als 50 % der beliebtesten online gekauften Bücher. Zwei Drittel dieser Ausgaben fallen alleine auf Studierende. (Quelle: abebooks.de)

Nach einer von uns Anfang 2009 gestarteten Online-Befragung von 1.000 Studierenden der verschiedensten deutschen Hochschulen und Fächern ergab sich folgende Statistik des Fachbücherkaufs pro Semester:[18]

18 Eigene Befragungen, egal ob online oder in sonstiger Art, sind nicht nur für Umsatzberechnungen etc. essenziell, sondern zeugen auch von großem Engagement der Gründer.

Wie viele Bücher werden pro Semester gekauft?

3.1.4 Internettrend

Es gibt in unserer Zielgruppe kaum jemanden, der sich nicht im Internet bewegt. Studierende sind internetaffin und in der Regel täglich mindestens einmal „online".

3.1.5 Shopping im Internet

Drei Viertel der deutschsprachigen Internet-Nutzer geben an, dass sie das Internet nutzen, um einzukaufen. Vor allem Bücher stehen auf dem virtuellen Einkaufszettel ganz oben. Was die Anzahl der getätigten Online-Einkäufe angeht, so geht der Trend steil nach oben. Im Vordergrund des Online-Einkaufs stehen die Unabhängigkeit von Ladenöffnungszeiten sowie die gute Transparenz von Preisen und die Zeitersparnis.[19] (Quelle: W3B-Benutzer-Analyse 2008)

19 Besonders hervorzuheben ist, dass SEMESTERBOOKS.de immer versucht, getroffene Aussagen mithilfe von Quellenangaben zu stützen. Zum einen wird dadurch die Seriosität unterstrichen und zum anderen zeugt ein solches Vorgehen von Professionalität.

3.1.6 Internet-Buchhandel

Der Internet-Buchhandel wird von allen Bereichen des elektronischen Publizierens als größtes Wachstumsfeld betrachtet. Der Umsatz belief sich 2007 auf 1,03 Mrd. € und wächst am schnellsten von allen Teilmärkten des Buchhandels. Da die Anzahl der im Internet gekauften Bücher immer größer wird, stellen peu à peu alle Buchhändler auf Online-Handel um. Denn immer weniger Menschen nehmen sich noch Zeit dafür, ein Buch in einer Buchhandlung zu kaufen. (Quelle: Börsenverein des Deutschen Buchhandels)

Rund 65 % der Internet-Gesamtnutzer kaufen Bücher online ein. Damit liegt der Buchvertrieb über das Internet
nach einer Studie von Fittkau & Maaß noch vor dem Vertrieb von Musik und Kleidung. Der Verkauf über das Internet wird sich voraussichtlich bei 10–15 % des Gesamtverkaufs einpendeln.[20]

(Quelle: Claudia Paul, Pressesprecherin des Börsenvereins des deutschen Buchhandels auf www.spiegelonline.de)

20 Schätzungen über den zukünftigen Verlauf der Entwicklung einzelner Geschäftsbereiche gestatten den potenziellen Investoren einen differenzierteren Einblick in die Dynamik der Unternehmensentwicklung.

Bei dem Vertrieb über das Internet spielen zukünftig Kooperationen eine wichtige Rolle.[21] 83,1 % der Verlage vertreten den Standpunkt, dass der Vertrieb von Produkten über das Internet in naher Zukunft nicht nur über die eigene Homepage, sondern auch über unabhängige Portale bzw. durch Kooperationspartner erfolgen wird. Dies wird dadurch verstärkt, dass der Online-Handel immer wichtiger wird und den Verlagen Geschäfts- und Bezahlungsmodelle fehlen.

(Quelle: Börsenverein des deutschen Buchhandels)

3.1.7 Gebrauchthandel im Internet

Der antiquariatische Buchmarkt entwickelte sich in den letzten Jahren immer mehr zu einem Internetmarkt. Allein im Jahr 2007 belief sich der Umsatz auf rund 500 Mio. €, was 10 % des Gebrauchtbuchhandels entspricht.[22] Dieser Anteil konnte in den letzten drei Jahren massiv gesteigert werden. (Quelle: Börsenverein des deutschen Buchhandels)

(Quelle: ifo.de)

3.2 Der Wettbewerb

3.2.1 Bookya.de

Zurzeit haben wir mit Bookya.de nur einen direkten Konkurrenten. Dieser Marktplatz ist im April 2007 gestartet. http://www.bookya.de/

Seit Ende September 2007 ist Holtzbrinck Ventures als Investor bei Bookya.de eingestiegen und unterstützt das Gründerteam sowohl finanziell als auch durch Mediadienstleistungen, vor allem durch Online-Werbung auf StudiVZ.net. Nach eigenen Angaben hat Bookya.de über 30.000 angemeldete User, was 1,5 % der Zielgruppe für Deutschland entsprechen würde.

Bookya.de entwickelt sich immer mehr und mehr zu einem „normalen" Online-Shop für Bücher. Von Bookya.de wird noch keine Marktmacht ausgeübt und es sind auch keine Markteintrittsbarrieren vorhanden, die SEMESTERBOOKS.de an der Eroberung des Marktes hindern könnten.

21 Der Verweis auf bereits bestehende oder mögliche Kooperationspartner erweist sich als sehr positiv, da diese häufig auf entscheidende strategische Wachstumskomponenten der Unternehmung hinweisen.

22 Das Beziehen von absoluten Zahlen (z. B. Umsatz einzelner Firmen) auf größere Einheiten (z. B. den Gesamtmarkt in einer Branche) und die hieraus gewonnen relativen Zahlen ermöglichen dem Leser ein rasches Einordnen der Werte in den Gesamtkontext. Es entsteht ein viel aussagekräftigerer Überblick über die angesprochene Situation.

3.2.2 SEMESTERBOOKS.de vs. Bookya.de

SEMESTERBOOKS.de und Bookya.de haben ein ähnliches Geschäftsmodell.[23] Wir möchten uns mit SEMESTERBOOKS.de durch die Spezialisierung auf die lokalen Marktplätze von Bookya.de absetzen. Die lokalen Marktplätze fördern die Vernetzung der Studierenden gleicher Hochschulen und ermöglichen zugleich den lokalen Handel an der eigenen Hochschule. Durch Kooperationen mit lokalen Buchhändlern vor Ort erweitern wir unsere Präsenz an den Hochschulen und bieten den Studierenden eine weitere Option für den Bücherkauf vor Ort.

Die Erweiterung der Plattform und des Geschäftsmodells durch das Verleihen von Büchern lässt SEMESTERBOOKS.de zum Büchermarktplatz für Studierende werden, welcher alle Wünsche der Zielgruppe erfüllt.

Direkte Kooperationen mit Hochschulen und die Einbindung von Professoren, Fachschaften und studentischen Organisationen weckt Vertrauen und sorgt für seriöses Auftreten bei den Studierenden. SEMESTERBOOKS.de ist genau dort, wo man die Studierenden am schnellsten ansprechen und überzeugen kann.[24]

Die Konzentration auf die Umsetzung einer Community, durch die Kommilitonen zueinanderfinden können und durch die die soziale Komponente am eigenen Campus gefördert wird, weckt Interesse bei den Studierenden. Weiterhin werden wir uns mit der Einführung und Umsetzung interessanter Marketingkampagnen von Bookya.de differenzieren und abgrenzen.

23 Auch bei der Darstellung direkter Konkurrenten sollte die Neutralität gewahrt bleiben. Die Stärken und Schwächen der Wettbewerber sollten dennoch genau dargestellt werden und auf entscheidende Unterschiede wie im Beispiel von SEMESTERBOOKS.de sollte eingegangen werden.

24 Eigene, individuell formulierte Zielsetzungen wie hier beeindrucken den Leser mehr als ein simples „Wir wollen besser sein!".

3.2.3 Indirekte Konkurrenten

Booqs.de, Meinstudibuch.de, Studibuecher.de und Eldoro.de zählen zur indirekten Konkurrenz. Diese Internetseiten konzentrieren sich zwar auf Literatur rund um das Studium, jedoch kann man bei ihnen nur online bestellen und das Treffen an der eigenen Hochschule fällt komplett weg. Damit einhergehend wird auf lokale Marktplätze der einzelnen Hochschulen verzichtet. Außerdem verlangen diese Anbieter Nutzungsgebühren und zeigen keine User-Aktivitäten.

Weitere indirekte Konkurrenten sind alle Online-Buchhandlungen, bei welchen man gebrauchte Bücher kaufen kann.[25] Die größten in diesem Terrain sind Ebay.de, Amazon.de und Libri.de. Sie sind nur indirekte Konkurrenten, da ihnen die Spezialisierung auf die Nische Studienliteratur fehlt. Ihre Angebotsbreite ist so groß, dass diese Anbieter sich vollkommen unübersichtlich darstellen.

Last but not least ermöglichen die lokalen Marktplätze von SEMESTERBOOKS.de den direkten, versandkostenfreien, bequemen und provisionsfreien Bücherhandel an der eigenen Hochschule. Die hohe Provision, die manchmal bis zu 15 % des Verkaufspreises verschlingt, die oft anfallenden Versandkosten sowie der umständliche Weg zur Post sind nur einige der wesentlichsten Nachteile der großen Online-Bücher- und Auktionshäuser. Studierende suchen und brauchen einen eigenen, übersichtlichen und günstigen Online-Marktplatz für ihre Lehrbücher und keinen unpersönlichen „Großmarkt".

25 Besonders wichtig ist es, neben den direkten Konkurrenten auch die indirekten Konkurrenten mit einzubeziehen. Dadurch zeigt der Gründer, in diesem Fall SEMESTERBOOKS.de, dass eine ausführliche Chancen-Risiko-Analyse durchgeführt wurde.

3.2.4. Sonstige Konkurrenten

Zu erwähnen sind noch Internetseiten, die das Schwarze Brett an der Hochschule in einer Online-Version abbilden. Zu diesen Internetseiten gehören Studero.de, Studentum.de, Studiboard.de und Meinuniboard.de. Diese Internetseiten beschränken sich jedoch verstärkt auf die Wohnungssuche von Studierenden. Der lokale Handel an der eigenen Hochschule wurde überhaupt nicht aufgegriffen und man kann lediglich Beiträge in einem Forum „posten".

Da die Programmierung unserer Internetseite nicht durch ein Patent oder eine Lizenz geschützt werden kann, ist es möglich, dass weitere Wettbewerber in den Markt eintreten können.[26] Wir wollen jedoch durch den Fokus auf Marketing innerhalb eines halben Jahres erste Markteintrittsbarrieren schaffen. Außerdem werden wir durch Exklusivpartnerschaften potenziellen und auch aktuellen Konkurrenten Barrieren aufbauen. Dies geschieht vor allem im hochschulnahen Umfeld, da wir somit direkt Teil der Zielgruppe Studierende sind.

3.3 Die Zielgruppe

Die Zielgruppe Studierende in Zahlen – Warum es sich lohnt, in den Büchermarkt für diese Zielgruppe zu investieren.

Derzeit gibt es in Deutschland über 2 Millionen Studierende und es wird von einem anhaltenden Wachstum von 2 % pro Jahr ausgegangen. Im Zeitraum von 2001 bis 2005 wuchs die Zahl der Studierenden um 270.000 Studierende. Dieser Trend soll sich auch in Zukunft fortsetzen. Laut Angaben der „Süddeutschen Zeitung" soll die Zahl der Studierenden bis 2014 in Deutschland auf 2,7 Millionen Studierende ansteigen.

Doch bereits jetzt lohnt es sich, die Gruppe der Studierenden zu betrachten: Die über 2 Millionen Studierenden vereinigen eine Kaufkraft von rund 16 Milliarden € auf sich (Quelle: Uniwerbung 2007).

26 Positive Aspekte sollten immer ausführlich genannt werden. In diesem Beispiel spricht SEMESTERBOOKS.de die Problematik nicht vorhandener Lizenzen an. Auf mögliche Patente, sofern vorhanden, sollte hingewiesen werden, da sich diese ggf. entscheidend auf den Geschäftserfolg auswirken. Dadurch kann die Investitionsentscheidung des Investors positiv beeinflusst werden.

Nach Angaben der deutschen Studentenwerke tätigen Studierende durchschnittlich Ausgaben von 560 € pro Jahr für Lernmittel. Dies entspricht somit Gesamtausgaben i. H. v. 1,12 Mrd. €.

SEMESTERBOOKS.de agiert somit auf einem relativ großen und homogenen Markt und bietet der internetaffinen Zielgruppe Studierende die Möglichkeit, bei den notwendigen Ausgaben für Studienliteratur signifikant Geld und Suchkosten zu sparen.

Zusätzlich sind Studierende für Neues zu begeistern. Eine neue Dienstleistung muss das Interesse der Kunden wecken. Es ist nachgewiesen, dass Studierende ein deutlich größeres Interesse für Neues haben. Sind einige Studierende erst einmal überzeugt, kann sich ein neuer Trend auch viral verbreiten (Quelle: Allensbacher Markt- und Werbeträgeranalyse AWA 2007).

Summary:

Studierende …

… werden immer mehr

11 % Wachstum seit 1997 in Deutschland

… sind Leseratten

54 % kaufen mehr als 5 Bücher im Semester

… sind Technikexperten

26 % sind Technical Advanced Persons (TAP's)

… sind neugierig

67 % probieren oft und gerne etwas Neues aus.

(Quelle: Allensbacher Markt- und Werbeträgeranalyse AWA 2007)

Weitere Zielgruppen

Es sind nicht nur die Studierenden, die SEMESTERBOOKS.de benötigen. Deutschlandweit gibt es rund 400.000 wissenschaftliche Mitarbeiter, Doktoranden und sonstige Hochschulmitarbeiter, die Bücher benötigen. Auch für diese Gruppe könnte SEMESTERBOOKS.de interessant sein (Quelle: Statistisches Bundesamt 2007).

Des Weiteren gibt es noch unzählige Berufsgruppen, die sich weiterbilden wollen und somit einen Nutzen in SEMESTERBOOKS.de sehen könnten.	
Fazit	
Zusammenfassend lässt sich sagen, dass die positive Marktentwicklung und die Haupt-Zielgruppe Studierende sowie auch andere Fachliteratur-Interessierte ein großes Potenzial aufweisen. 95 % dieser Zielgruppe besitzen einen Internetzugang, somit ist der Zugriff auf SEMESTERBOOKS.de problemlos möglich.[27]	27 Besonders gut gelungen ist SEMESTERBOOKS.de auch, dass am Ende jedes Kapitels eine kurze Zusammenfassung über die wichtigsten Aspekte des Abschnitts aufgeführt wird. Durch diese Wiederholung der Schlüsselinformationen fällt es dem Leser leichter, sich die entscheidungsrelevanten Informationen zu merken und sich ggf. noch einmal in kürzester Zeit einen konkreten Überblick zu verschaffen.

2.5 Marketing und Vertrieb: Stellen Sie sich vor, Sie gründen und keiner merkt es

Weshalb Marketing und Vertrieb so wichtig für den Erfolg (nicht nur) von Unternehmensgründungen sind, lässt sich am treffendsten durch ein altes Sprichwort wiedergeben:

„Es ist egal, wie viele Fische im Meer schwimmen … solange du keinen Köder an der Angel hast." (ohne Autor)

Während im Mittelpunkt des letzten Abschnitts „Markt und Wettbewerb" die Ermittlung der Marktgröße (also quasi der Zahl der Fische) stand, widmet sich dieser Abschnitt der Planung von Marketing- und Vertriebsaktivitäten. Die wesentlichen Zielsetzungen werden dabei in Abbildung 10 zusammengefasst.

Ziel	• Schlüssige Planung von Marketing- und Vetriebsaktivitäten, die auf das Produkt und die Zielgruppe zugeschnitten sind
Inhalt	• Marketingkonzept basierend auf Markt- und Wettbewerbsanalyse: Beschreibung der Markteintrittsstrategie Beschreibung eines passenden Marketingmixes • Benennung und Begründung der Vertriebsstruktur und des Vertriebskanals
Tipps	• Marketing ist nicht Werbung • Marketing- und Vertriebsplanung werden oft während der Planung und Durchführung unterschätzt

Abbildung 10: Wesentliche Zielsetzungen und Inhalte des Punktes „Marketing und Vertrieb"

Ausrichtung am Markt

Als Erstes ist es wichtig zu erkennen, dass Marketing und Vertrieb zwar oft in einem Atemzug genannt werden, jedoch streng genommen zwei getrennte Aktivitäten darstellen. Bei der Betrachtung des Begriffs → Marketing stellt man fest, dass eine Vielzahl unterschiedlicher Definitionen existiert. Im weitesten Sinne lässt sich Marketing als die Ausrichtung aller unternehmerischen Entscheidungen am Markt begreifen. Diese Definition umfasst somit alle Tätigkeiten wie Analyse, Planung, Umsetzung und Kontrolle sowie auf gegenwärtige und zukünftige Absatzmärkte ausgerichtete Unternehmensaktivitäten. In der Praxis ist der Marketingbegriff jedoch oft enger gefasst und bezieht sich in der Regel auf alle Aktivitäten zur Planung und Umsetzung von Maßnahmen, die eine Absatzförderung nach sich ziehen.

Marketing

Marketing ist die Ausrichtung aller unternehmerischen Entscheidungen am Markt. Marketing umfasst somit alle Tätigkeiten wie Analyse, Planung, Umsetzung und Kontrolle auf gegenwärtige und zukünftige Absatzmärkte ausgerichtete Unternehmensaktivitäten. Zentrale Aufgabe des Marketings ist die Festlegung des Marketingmix. Dieser umfasst die bekannten „Vier P“:

- Product (Produkt): Produktgestaltung und Ausrichtung an bestimmten Marktsegmenten bzw. Kundengruppen.
- Price (Preis): Preisgestaltung des Produkts.
- Promotion (Kommunikation): Auswahl der Werbeformen und Gestaltung der Werbemittel.
- Place (Distribution): Auswahl der Vertriebskanäle, über die das Produkt verkauft werden soll.

Warenaustausch mit Abnehmern

Der Begriff → Vertrieb ist im Gegensatz zum Begriff des Marketings wesentlich funktionaler zu verstehen. Im Allgemeinen werden unter „Vertrieb“ alle Aufgaben zusammengefasst, die den tatsächlichen Warenaustausch eines Unternehmens mit seinen Endabnehmern betreffen. Dies beinhaltet vor allem die Planung und Durchführung der Lieferung der Ware an den Abnehmer (Distribution). Oftmals werden jedoch weitere Bereiche wie etwa die Abwicklung von Retouren oder die Bearbeitung von Kundenbeschwerden dem Bereich Vertrieb zugeordnet. Sowohl Marketing als auch Vertrieb sollten Sie in ihrer Grundstruktur bereits in Ihrem Businessplan grundlegend andenken. Die folgenden Seiten zeigen Ihnen die wesentlichen Aspekte auf, die dabei zu beachten sind.

Vertrieb

Vertrieb umfasst alle Aktivitäten, die notwendig sind, damit ein Produkt eines Unternehmens einen Kunden erreicht. Die Planung der Vertriebsaktivitäten umfasst neben der Auswahl eines Vertriebskanals und der Organisation der physischen Verteilung in der Regel auch die Abwicklung von Retouren und die Bearbeitung von Kundenbeschwerden.

2.5.1 Marketing

Wie positioniere ich mein Produkt am Markt?

Marketingmix

Im Rahmen der Marketingplanung geht es darum, den richtigen Marketingmix zu erstellen. Darunter versteht man im Allgemeinen die Umsetzung einer übergeordneten Marketingstrategie in konkrete Aktionen. Absatzpolitische Fragen wie „Wie und wo machen wir Werbung oder welche Vertriebskanäle nutzen wir?" müssen dabei insbesondere für die Phase des Markteintritts und das Jahr danach geplant werden.[7]

Im Folgenden werden die einzelnen Komponenten des Marketingmix näher erläutert.

Produktpolitik

Im Rahmen der Produktpolitik (Product) wird vor allem über die Ausgestaltung der gesamten Produktpalette eines Unternehmens entschieden. Dazu zählen Überlegungen, inwieweit man verschiedene Produkte anbieten will (Angebotsbreite) und inwieweit man für ein Produkt unterschiedliche Varianten anbieten möchte (Angebotstiefe).

Insbesondere bei Unternehmensgründungen ist die Frage nach der Angebotsbreite meist zu vernachlässigen, da in der Regel nur ein Produkt angeboten wird.

Angebotstiefe

Genau bedacht werden sollte hingegen die angestrebte Angebotstiefe. Hier ist insbesondere zu bedenken, dass man mit dem Angebot einer Vielzahl von Varianten verschiedene Kundensegmente weitaus besser bedienen kann, als wenn nur eine Ausstattung angeboten wird. Meist haben unterschiedliche Käufer verschiedene Anforderungen an ein Produkt. Diese können durch das Angebot verschiedener Varianten besser bedient werden.

Ein grundlegendes Beispiel für die Einführung von unterschiedlichen Produktvarianten ist die Verpackungsgröße. Wenn Sie sowohl Industrie- als auch Privatkunden ansprechen wollen, sollten Sie über verschiedene Verpackungsgrößen nachdenken. Industriekunden bevorzugen große Verpackungen, während Privatkunden in der Regel nur vergleichsweise geringe Mengen beziehen wollen. Das Angebot von Produktvarianten ermöglicht es also, mehrere potenzielle Käufergruppen zielgenauer anzusprechen. Gleichzeitig muss aber berücksichtigt werden, dass eine hohe Zahl von Produktvarianten die Produktionsprozesse komplexer und in der Regel teurer machen. In Ihrem Businessplan müssen Sie daher begründen, für welche Angebotstiefe Sie sich entscheiden und welche Käufergruppen mit verschiedenen Varianten angesprochen werden sollen.

Price

Ist die Produktgestaltung festgelegt worden, stellt sich als Nächstes die Frage nach der Preisgestaltung (Price). Die Preisgestaltung umfasst dabei

---

[7] Vgl. Fuchs, Wolfgang; Unger, Fritz: Verkaufsförderung: Konzepte und Instrumente im Marketing-Mix; Gabler Verlag, 2. vollst. überarb. Auflage, Wiesbaden 2003, S. 12.

alle Entscheidungen, die Einfluss auf die Preishöhe sowie die Art und Weise der Preisfestlegung und -durchsetzung haben.

Preisfestsetzung

Die Preisfestsetzung muss sich dabei am Wettbewerb orientieren: Sie können für Ihr Produkt nur höhere Preise erzielen, wenn Sie einen deutlich höheren Kundennutzen liefern. Andernfalls stellen die Preise der Wettbewerber eine natürliche Preisobergrenze für Ihr Angebot dar. Gleichzeitig gibt es eine natürliche Preisuntergrenze, die durch Ihre Kosten der Produktherstellung festgesetzt werden. Können Sie auf einem Markt nur Preise erzielen, die unter Ihren Produktionskosten liegen, kann Ihr Unternehmen nicht auf Dauer erfolgreich sein.

Neben der reinen Festlegung eines Absatzpreises umfasst die Preisgestaltung jedoch auch weitere Fragen wie die Gestaltung von Rabattbedingungen, Zahlungsbedingungen (insbesondere Zahlungsfristen), Garantiebedingungen und eventuelle Leasingangebote (insbesondere bei Investitionsgütern). Oft wird der Verkauf eines Produkts auch (zumindest implizit) an den Abschluss eines Servicevertrags gekoppelt: Hier stellt sich dann die Frage, in welchem Verhältnis der mit dem Produktverkauf und der mit dem nachgelagerten Service erzielte Gewinn zueinander stehen sollen. Ein klassisches Beispiel ist der Verkauf von billigen Mobiltelefonen in Verbindung mit einem mehrjährigen Nutzungsvertrag. Hier wird das verkaufte Produkt (Telefon) in der Regel mit Verlust an den Kunden abgegeben und ein höherer nachgelagerter Gewinn mit den Telefonaten gemacht. In Ihrem Businessplan sollten Sie konkrete Absatzpreise für Ihre Produkte nennen und denen von Konkurrenten gegenüberstellen. Auf diese Art und Weise kann sich der Leser einen schnellen Überblick über Ihre Preisgestaltung verschaffen und sich ein Urteil darüber bilden, welche Erfolgschancen er Ihrem Preismodell einräumt. Im Vorfeld kann es durchaus zielführend sein, potenzielle Kunden im Rahmen von Marktforschungsmaßnahmen zu bestimmten Preisgestaltungen zu befragen. Auf diese Weise erhalten Sie unmittelbares Feedback, inwieweit Ihre Preisgestaltung mit der Zahlungsbereitschaft potenzieller Kunden vereinbar ist.

Preisdifferenzierung

Ein weiterer nicht zu vernachlässigender Aspekt ist die Preisdifferenzierung. Dabei wird die unterschiedliche Zahlungsbereitschaft der potenziellen Kunden ausgenutzt. Dies kann zum einen Ihren Gewinn steigern und zum anderen erlangen Sie durch die Erweiterung Ihrer Zielgruppe zusätzliche Marktanteile. Ein Beispiel für eine Preisdifferenzierung stellen die unterschiedlichen Eintrittspreise für einen Schwimmbadbesuch dar. Hier wird bei der Preisgestaltung die unterschiedliche Kaufkraft der Schwimmbadbesucher mit einbezogen. Dabei wird versucht, Käufer in in sich geschlossene Gruppen einzuteilen, um für diese den deckungsbeitragsmaximalen Preis zu verlangen.

Entscheidend sind bei dieser Preisgestaltung auch spezifische Charakteristika der Käufergruppen wie z. B. Berufsstand (Studenten, Rentner, Arbeitslose). In der Theorie spricht man hierbei auch von „Preisdifferenzierung dritten Grades". Sind Sie jedoch in der Lage, jedem Kunden genau den Preis abzuverlangen, den er bereit ist für Ihr Produkt/Ihren Service zu bezahlen, spricht man von „Preisdifferenzierung ersten Grades".

Self Selection

Zu guter Letzt steht Ihnen noch eine dritte Möglichkeit der Preisdifferenzierung offen: die Preisdifferenzierung zweiten Grades. Hier werden geringfügige Abweichungen der Leistungsmerkmale preislich berücksichtigt. Der Kunde kann somit selbst auswählen, welchen Preis er für das Produkt zu zahlen bereit ist. Dieser Prozess wird auch als „Self Selection" bezeichnet.[8]

Promotion

Der dritte Punkt des Marketingmix befasst sich mit der Festlegung einer Kommunikationspolitik (Promotion) für Ihr Angebot. Dazu zählt vor allem die Festlegung klassischer Werbemaßnahmen. Insbesondere als Unternehmensgründer müssen Sie potenzielle Kunden erst auf Ihr Angebot aufmerksam machen. Aus diesem Grund müssen Sie werben. Dazu zählt, dass Sie auffallen und somit wahrgenommen werden. Sie müssen die Aufmerksamkeit Ihrer potenziellen Käufer wecken, da Sie neu auf dem Markt sind. Insbesondere müssen Sie Ihrer Zielgruppe den Nutzen und die Vorteile Ihres Produkts erläutern, damit potenzielle Käufer realisieren, dass Ihre Produkte besser als Konkurrenzprodukte geeignet sind, ihre Bedürfnisse zu befriedigen. Dies sind die wesentlichen Anforderungen, die Ihre Werbung erfüllen soll. Sie können dabei entweder auf klassische Werbeformen wie Anzeigen in Zeitungen, Zeitschriften, Fachjournalen oder sogar Funk und Fernsehen zurückgreifen. Diese Art der Werbung ist jedoch relativ teuer und nicht sehr zielgenau auf potenzielle Käufer ausgerichtet. Für Unternehmensgründer sind daher alternative Werbeformen, die eine günstigere und zielgenauere Ansprache potenzieller Käufer ermöglichen, die bessere Wahl. Dazu zählen sog. Direktmarketingmaßnahmen, bei denen potenzielle Käufer direkt per Anschreiben, E-Mail oder Anruf über Ihr Produkt informiert werden.

Public Relations

Ebenfalls günstige Werbung ermöglicht das aktive Betreiben von Public-Relations-Maßnahmen. Dazu zählen etwa Artikel über Ihr Produkt für Printmedien oder Fachzeitschriften, die Sie entweder selbst verfassen oder von Journalisten, denen Sie entsprechende Informationen zukommen lassen, texten lassen. Ebenso bietet es sich an, auf Fachmessen präsent zu sein, da Sie dort direkt und einfach mit potenziellen Käufern in Kontakt kommen und wesentliche Informationen unkompliziert austauschen können.

Bei der Planung Ihrer Werbemaßnahmen müssen Sie jedoch immer im Kopf behalten, dass Werbung teuer ist. Aus diesem Grund ist es sinnvoll, erst ein Werbebudget festzusetzen und dieses dann auf verschiedene Werbeformen zu verteilen. Es empfiehlt sich, vorab festzulegen, welchen Betrag Sie pro verkaufter Einheit Ihres Produkts ausgeben können,

---

8 Vgl. Wübker, Georg: Professionelle Preisfindung. Wege aus der Ertragskrise; Businessvillage Verlag, 2004, S. 43–45.

und anschließend die Werbeform auszuwählen. Denken Sie daran, dass zielgenaue Kundenansprache in der Regel billiger ist als weit gestreute Werbung. Wenn Sie Kunden direkt ansprechen, versuchen Sie, die Entscheidungsträger zu ermitteln und mit Ihnen direkt zu kommunizieren.

Place

Der letzte Baustein des Marketingmix ist die Festlegung des Distributionskanals (Place), über den Ihre Produkte den Kunden physisch erreichen. Die Wahl des optimalen Vertriebskanals für Ihr Produkt hängt dabei von einer Vielzahl von Faktoren ab. Die wesentlichen sind die erwartete Anzahl Ihrer Kunden und die Frage, ob es sich überwiegend um Geschäfts- oder Privatkunden handelt. Produktcharakteristika sind ebenfalls relevant. Zu berücksichtigen ist, ob Ihr Produkt erklärungsbedürftig ist und in welchem Preissegment (Hoch- oder Niedrigpreissegment) Sie aktiv sind. Darüber hinaus muss entschieden werden, inwieweit Sie den Vertrieb Ihres Produkts innerhalb des eigenen Unternehmens organisieren wollen. Alternativ könnten Sie auch ein externes, auf Vertrieb spezialisiertes Unternehmen damit beauftragen, Ihr Produkt zu vertreiben.

2.5.2 Vertrieb – der Weg zum Kunden

Bei der Auswahl des Vertriebskanals kommt es oft zu Überschneidungen mit der Planung des Marketingmix. Welcher Vertriebskanal letzten Endes der passende für Ihr Geschäft ist, hängt stark vom Einzelfall ab. Wesentliche Charakteristika alternativer Vertriebskanäle werden im Folgenden kurz dargestellt und sollen Ihnen einen ersten Überblick geben.

Verkauf im Einzelhandel

Einer der geläufigsten Vertriebskanäle ist der Verkauf eines Produkts in fremden Einzelhandelsläden. Dies bietet sich insbesondere dann an, wenn eine hohe Zahl Privatkunden potenzielle Käufer sind. Dabei ist jedoch zu bedenken, dass der Einzelhändler Ihr Produkt nur in sein Sortiment aufnehmen wird, wenn er damit einen ausreichend hohen Gewinn erzielen wird. Aus diesem Grund müssen Sie Ihr Produkt wahrscheinlich mit relativ hohen Rabatten an den Einzelhändler abgeben, damit Sie in seinem Produktangebot einen Platz erhalten. Dies müssen Sie bei der Preisgestaltung und Ihrer Finanzplanung berücksichtigen. In der Regel ist es jedoch schwierig (insbesondere für Unternehmensgründer), Kontakt zu einer hohen Zahl von Einzelhändlern zu pflegen (und diese auch entsprechend zu beliefern).

Großhandel

Eine Lösung für dieses Problem bietet der Großhandel. Statt Produkte direkt an Einzelhändler zu vertreiben, kann alternativ auch ein Großhändler eingeschaltet werden, der wiederum an Einzelhändler weiterverkauft. Dies hat den Vorteil, dass nur Kontakt mit dem Großhändler gehalten werden muss (Senkung des Verhandlungsaufwands und der Lieferkosten). Allerdings stellt der Großhändler für seine Tätigkeit eine Marge in Rechnung, die Ihre Marge beim Produktverkauf weiter schmälert.

Direktvertrieb

Eine Alternative zu den eben genannten Vertriebskanälen stellt der direkte Verkauf an den Endkunden dar. Dies wird in der Regel als „Direktvertrieb" bezeichnet, da keine Parteien zwischen Ihnen und Ihren Kunden stehen. Somit verbleibt der Verkaufspreis vollständig bei Ihnen, da Sie keine Provision an einen Einzel- oder Großhändler abgeben müssen. Dabei ist allerdings zu bedenken, dass mit der Wahl des Direktvertriebs meist wesentlich höhere Kosten anfallen als beim Einschalten von Einzel- oder Großhändlern. Entweder müssen eigene Verkaufsstätten unterhalten werden, in denen Kunden Ihre Produkte vor Ort erwerben können. Oder Sie können einen Versandhandel betreiben und Ihre Produkte auf postalischem Weg an Ihre Abnehmer versenden. In beiden Fällen müssen Sie zusätzliches Personal beschäftigen, was Ihre laufenden Kosten erhöht. Insofern ist also abzuwägen, was für Ihr Unternehmen auf Dauer höhere Profite ermöglicht: der Weg über fremde Einzel- bzw. Großhändler (geringere Margen, aber auch geringere Kosten) oder der eigenhändige Verkauf im Direktvertrieb (höhere Margen, aber auch höhere Kosten).

Egal für welchen Vertriebskanal Sie sich letztendlich entscheiden: Wichtig ist, dass Sie im Businessplan plausibel darlegen, dass Ihre Vertriebsplanung zu den veranschlagten abgesetzten Mengen passt. In manchen Businessplänen finden sich Kalkulationen, in denen von einer im Direktvertrieb abgesetzten Menge von 20.000 Stück ausgegangen wird, jedoch lediglich ein Vertriebsmitarbeiter eingeplant ist. Wie unrealistisch diese Planung ist, zeigt folgende Plausibilitätsprüfung: Geht man von 200 Arbeitstagen aus, müsste der Vertriebsmitarbeiter pro Tag 100 Sendungen bearbeiten, was bei einer Arbeitszeit von acht Stunden über zwölf Sendungen pro Stunde wären. Geht man davon aus, dass für jede Sendung eine Rechnung erstellt und das Paket adressiert sowie frankiert werden muss, erkennt man schnell, wie unrealistisch eine derartige Annahme ist – zumal die Pakete ja noch nicht bei der Post sind, geschweige denn Retouren bearbeitet wurden. Solche unzutreffenden Planungen sollten Sie in Ihrem Businessplan auf jeden Fall vermeiden. Stellen Sie daher eine genaue Überlegung an, wie viele Mitarbeiter tatsächlich notwendig sind, um die von Ihnen geplante Menge auch abzusetzen.

2.5.3 Corporate Identity – der Kunde, ein alter Bekannter

Definition

Ein weiterer wichtiger Aspekt, der bei der Positionierung Ihrer Produkte und der Auswahl der Vertriebskanäle nicht vernachlässigt werden sollte, ist die sogenannte → Corporate Identity (CI). Auch für den Begriff „Corporate Identity" gibt es zahlreiche unterschiedliche Definitionen, was eine allgemeingültige Darstellung des Begriffs erschwert. Nach Merten wird Corporate Identity folgendermaßen definiert: „Corporate Identity ist die strategisch geplante Einheit der Selbstdarstellung einer Unternehmenspersönlichkeit (Organisation) nach innen und nach außen als Unternehmensidentität."[9] Doch warum ist dies für Sie und Ihre Unternehmung von Bedeutung? Um diese Frage zu beantworten, muss man sich die Be-

[9] Merten, Klaus: Das Handwörterbuch der PR; Frankfurter Allgemeine Zeitung – Institut, 1. Band, Frankfurt am Main 2000, S. 63.

standteile der Corporate Identity vor Augen führen. In der Regel wird CI in → Corporate Behaviour (BH), → Corporate Design (CD) und → Corporate Communication (CC) unterteilt.

Corporate Behaviour

Verhaltenskonzept des Unternehmens

Corporate Behaviour steht für das Verhaltenskonzept Ihrer Unternehmung. Es umfasst „das Verhalten des Unternehmens nach innen und außen, allgemein das Auftreten und das Verhalten gegenüber den Mitarbeitern und untereinander sowie gegenüber den Kunden, den Führungskräften, den Kooperationspartnern und der Öffentlichkeit."[10] Auch hier ist es für Sie und Ihre Firma wichtig, dass Ihr Verhaltenskodex zur allgemeinen Unternehmensausrichtung passt. Geben Sie sich z. B. in Ihrer Werbekampagne als zuverlässiger Partner in der Produktsparte XY, sollten Sie es tunlichst vermeiden, unpünktlich bei Ihren Kunden zu erscheinen oder wichtige Kundendokumente zu verlieren. Sorgen Sie dafür, dass sowohl Ihr Verhalten als auch das Verhalten Ihrer Mitarbeiter auf Ihr Unternehmenskonzept zugeschnitten ist und sich somit Ihre Firma durch ein einheitliches, dem Unternehmensziel angepasstes Auftreten von Ihrer Konkurrenz abhebt. Dadurch schaffen Sie Vertrauen und vermeiden es, Ihre Kunden zu verunsichern.

Corporate Design

Erscheinungsbild des Unternehmens

Unter CD versteht man „das Erscheinungsbild eines Unternehmens nach innen und außen, das sich aus der Interaktion von Gestaltungselementen und visueller Kommunikation ergibt. Somit wird ein Wiedererkennungs- und Erinnerungswert generiert, der das Unternehmen in der Öffentlichkeit deutlich von anderen Wettbewerbern differenzieren soll. Dabei beschreibt das Corporate Design den visuellen Zustand eines Unternehmens bzw. einer Marke zum Einführungszeitpunkt, da es einem fortlaufenden Gestaltungs- und Kommunikationsprozess unterliegt."[11] Am besten stellen Sie sich vor, es handele sich bei CD um das Gesicht Ihrer Firma. Egal, ob Ihr Kunde einen Brief von Ihnen erhält, an einer Ihrer Werbetafeln vorbeiläuft oder ob einer Ihrer Mitarbeiter vor Ort eine Dienstleistung ausübt, der Kunde muss Sie bzw. Ihre Firma erkennen können. Nur so ist es Ihnen möglich, sich von anderen Wettbewerbern abzuheben und Ihrem Kunden ein Gefühl der Vertrautheit zu vermitteln. Dabei sollten Sie nicht nur darauf achten, dass Sie immer dasselbe Firmenlogo verwenden, sondern sich auch bezüglich Farbauswahl, Schrift, Typografie, Produktdesign, Inter- und Intranetauftritt usw. treu bleiben. Zusätzlich sollten Sie besonders darauf achten, dass das ausgewählte De-

---

10 Regenthal, Gerhard: Ganzheitliche Corporate Identity, Profilierung von Identität und Image; Gabler Verlag, 2. Auflage, Wiesbaden 2003, S. 100.

11 Engelmann, Susann: Die Implementierung des Corporate Design; Grin Verlag, 2009, S. 4–5.

sign zu Ihrer Unternehmung passt. Beispielsweise würden ein farbiges Firmenlogo und bunte Arbeitskleidung ebenso wenig zu einem Bestattungsunternehmen passen wie eine ganz in grau gehaltene Farbgebung für ein Designbüro.

Corporate Communication

Unternehmenskommunikation

„Corporate Communication ist die strategisch orientierte Kommunikation nach innen und außen mit dem Ziel, die Einstellung der Öffentlichkeit, der Kunden und der Mitarbeiter/Mitarbeiterinnen gegenüber dieser Organisation/diesem Unternehmen entsprechend der spezifischen Identität zu beeinflussen oder zu verändern."[12] Neben dem bereits genannten Marketing sind auch Public Relations, Mitarbeiterschulungen, Öffentlichkeitsarbeit sowie diverse andere Möglichkeiten Wege eines Unternehmens, seine Philosophie zu kommunizieren. Auch bei der Kommunikation ist es wichtig, dass Sie sich im Zusammenhang mit der Unternehmenszielsetzung nicht widersprechen. Achten Sie darauf, dass Kommunikation nicht nur über die verbale Schiene stattfindet, sondern dass auch visuell kommuniziert wird. Werben Sie beispielsweise mit der Umweltfreundlichkeit Ihrer Produkte, sollten Sie Ihren Fuhrpark auch mit umweltschonenden Fahrzeugen ausstatten. Andernfalls werden Sie bei Ihren Kunden an Glaubwürdigkeit verlieren. Auch sollten Sie Ihre Kundenbesuche nicht mit einer „Rostlaube" tätigen, wenn Sie Ihrem Kunden kommunizieren wollen, dass Sie erfolgreich sind, mit Geld umgehen können und dass sich sein Vermögen bei Ihnen in guten Händen befindet.

Einklang mit dem Unternehmensziel

Beachten Sie, dass erst das Zusammenspiel der einzelnen Komponenten Ihrem Unternehmen eine ganzheitliche Corporate Identity gibt. Dabei müssen sowohl die Corporate Communication und das Corporate Design als auch das Corporate Behaviour im Einklang mit dem Unternehmensziel stehen. Bei der Gestaltung der Unternehmensidentität können Ihnen und Ihren Mitarbeitern vor allem folgende Fragen behilflich sein:

- „Wer sind wir eigentlich? Welches Selbstverständnis haben wir?
- Wo stehen wir? Welche Stärken und Schwächen haben wir? Was müssen wir tun?
- Was ist das Besondere, was uns profiliert und was man nur bei uns finden kann?
- Welche Vision und welche Ziele haben wir und wie können wir diese effizient erreichen?
- Können wir unsere spezifische Identität in zwei Sätzen zusammenfassen?

[12] Regenthal, Gerhard: Ganzheitliche Corporate Identity, Profilierung von Identität und Image; Gabler Verlag, 2. Auflage, Wiesbaden 2003, S. 151.

- Welches Image wollen wir haben und wie wollen wir es prägnant gestalten?"[13]

Ein Beispiel aus der Praxis – SEMESTERBOOKS.de

4. MARKETING II

Marketing ist die Planung, Koordination und Kontrolle aller auf die aktuellen und potenziellen Märkte ausgerichteten Unternehmensaktivitäten mit dem Ziel, die Kunden langfristig zu begeistern.[28]
Im Rahmen der 4Ps, also Product/Price/Promotion/Place, werden im Folgenden strategische und operative Marketingziele eingeordnet und mit Bezug zum Zielmarkt/zur Zielgruppe erläutert. Der Schwerpunkt soll dabei auf der Kommunikationspolitik liegen.

28 Eine kurze Definition der verwendeten Begriffe hilft, Missverständnisse zu vermeiden – vor allem, wenn es sich um Begriffe handelt, die unterschiedlich ausgelegt werden können.

4.1 Kommunikationspolitik

Bisherige und aktuelle Maßnahmen

Öffentlichkeitsarbeit/PR:

Das Handelsblatt Magazin „Junge Karriere" (Auflage 194.000/Ausgabe) hat die Gründung von SEMESTERBOOKS.de ein Jahr lang begleitet und die interessante, zweiseitige Gründungsreportage von der Idee bis zur Umsetzung dokumentiert.[29]

29 Der Businessplan lässt auch im Bereich Marketing den Einsatz der Gründer erkennen.

Das Online-Portal „Deutsche Startups" (www.deutsche-startups.de/460.000 PIs und 160.000 Visits pro Monat) berichtete über die Entwicklung und den Start von SEMESTERBOOKS.de.

Interview unter www.dein-startup.de: „SEMESTERBOOKS.de beantwortet die 3 Fragen"

Pressemitteilung auf den Startseiten der Universitäten Siegen, Heidelberg und Kaiserslautern (Juli-September 08 → sehr hoher Traffic)

---

13 Regenthal, Gerhard: Ganzheitliche Corporate Identity, Profilierung von Identität und Image; Gabler Verlag, 2. Auflage, Wiesbaden 2003, S. 151.

Gewinnspiel:[30]

Aktion „SEMESTERBOOKS.de bezahlt dir deine Studiengebühren – 500 EURO zu gewinnen" (April 09) für die User mit den meisten eingestellten Büchern.

Persönliche Kommunikation:

- Ansprache von Multiplikatoren im Umfeld von Hochschulen (Uni Siegen und Heidelberg)
- Gespräche mit Verlagen, die starkes Interesse bekunden

Internet-Marketing:

- Eintragung bei hochfrequentierten Portalen wie Mr. Wong, Linkarena, Geizkragen.de (Social Bookmarking)
- SEO-Maßnahmen, um verstärkt Traffic über Suchmaschinen zu generieren

Event-Marketing:

Miss & Mister Campus – Deutschlands erster nationaler Schönheitswettbewerb für Studenten (s. weitere Ausführungen unten)

Geplante Maßnahmen

Alle oben aufgeführten aktuellen Maßnahmen werden weiterhin forciert und wenn es sinnvoll erscheint ausgebaut.

4.2 Persönliche Kommunikation:

„Semester-Sheriffs"

Im Rahmen der persönlichen Kommunikation plant SEMESTERBOOKS.de den Einsatz studentischer „Außendienstmitarbeiter". Hierzu sollen Studenten als „Semester-Sheriff" an der eigenen Hochschule aktiv andere Studenten ansprechen, Flyer verteilen sowie Aktionen vorbereiten und durchführen. Hierfür stellt SEMESTERBOOKS.de eine Provision von 15 % des Gewinns der Neuware für ein Jahr in Aussicht. Wir versprechen uns davon eine bessere Durchdringung der jeweiligen Hochschule aufgrund der vorhandenen Insider-Kenntnisse der Semester-Sheriffs. Darüber hinaus entstehen keine Kosten für SEMESTERBOOKS.de, da nur bei erfolgreicher Vermittlung die Vermittler an dem Gewinn partizipieren werden.

30 Besonders positiv fällt die Vielzahl von Werbemaßnahmen auf, die SEMESTERBOOKS.de einsetzen möchte, um potenzielle Kunden auf das junge Unternehmen aufmerksam zu machen.

Direkt an der Hochschule

Persönliche Kommunikation:

- Ansprache von Multiplikatoren im Umfeld von Hochschulen
- Professoren & Hochschulmitarbeiter
- Fachschaften & Tutoren
- Studentische Organisationen/ Studentische Medien
- Studentenwerke/Bibliotheken
- Pressestellen der Hochschulen

SEMESTERBOOKS.de wird durch die „Semester-Sheriffs" in den Vorlesungen, Seminaren, Tutorien, in Einführungsveranstaltungen von Hochschulen und in allgemeinen Veranstaltungen mit Büchern und/oder Studierenden als Thema präsentiert.

Aushängen von Plakaten

- an den Schwarzen Brettern
- in den Räumen von Fachschaften/stud. Organisationen
- an den Informationsplätzen der Studentenwerke/Hochschulen (Mensa, Info-Center, Toiletten usw.)
- in Studentenwohnheimen
- in den Läden in Hochschulnähe (Copyshop, Bäckerei, Bars usw.)

Persönliche Einladungskarten/ Werbegeschenke

Alle Fachschaften, Tutoren, studentische Organisationen/Medien bekommen Einladungskarten & Werbegeschenke. Das SEMESTERBOOKS.de-Team verteilt regelmäßig Einladungskarten/Werbegeschenke an Studierende, Freunde & Kommilitonen.

Overhead-Folien

Kurz vor Beginn gut besuchter Vorlesungen wird SEMESTERBOOKS.de den Studierenden mit einer kurzen Präsentation vorgestellt.

4.3 Online-Werbung:

Bislang galt der Fokus der persönlichen Kommunikation. Zum Sommersemester 09 wird Online-Bannerwerbung verstärkt in Angriff genommen.

SEMESTERBOOKS.de hält die klassische Bannerwerbung ebenfalls für sinnvoll. Allerdings mit einer anderen Ausrichtung, womit wir uns von der Konkurrenz abheben möchten.

Im Folgenden gehen wir auf wirkungsvolle Maßnahmen im Bereich Online-Werbung ein, die für SEMESTERBOOKS.de zu einem starken Zuwachs der Benutzerzahlen sorgen werden und sofort beginnen können. Hierbei sollen Studenten im Mittelpunkt stehen. Anbei folgt eine Auflistung attraktiver bzw. geeigneter Portale.

Geeignete Plattformen:

- Studenten-Portale: Unister.de, Meinprof.de, Unicum.de
- Karriere-Portale: e-fellows.net, Absolventa.de, Karriere.de, BewerberVZ.de etc.
- Internetauftritte der größten Hochschulen in der BRD – Banner im Bereich der Startseiten (s. Ausführungen)

SEMESTERBOOKS.de holt die Studierenden mit dieser Ansprache direkt da ab, wo ein Höchstmaß an Aufmerksamkeit für unseren Service gegeben ist – an der eigenen Hochschule und in direkter Beziehung zum Bedarf (akademische Bücher kaufen/verkaufen). Mit entsprechender Gestaltung der Banner wollen wir zusätzlich einen Imagetransfer zwischen Hochschule und SEMESTERBOOKS.de erzielen („Bücher fürs Studium"). Durch diese Art der Werbung steht der Nutzen im Vordergrund und SEMESTERBOOKS.de präsentiert sich als seriöser Partner an der eigenen Hochschule.

4.4 Event-Marketing:

SEMESTERBOOKS.de tritt als Organisator & Hauptsponsor von „Miss & Mister Campus", Deutschlands erstem Schönheitswettbewerb für Studierende, auf. Das Medienspektakel ebnet für SEMESTERBOOKS.de den Weg in die Medien. Es handelt sich um ein einzigartiges Event für Studierende, dementsprechend ist das Medieninteresse sehr hoch.

4.5 Distribution	
SEMESTERBOOKS.de plant keine eigene Logistik, Lagerhaltung für Bücher etc. zu unterhalten, sondern bedient sich Absatzmittlern bzw. Partnern. Aktuell geschieht dies über eine Schnittstelle eingebunden in das Partnerprogramm von Amazon.de. Zukünftig sind eigenständige Kooperationen mit geeigneten, bundesweit tätigen (Online-) Buchhandlungen vorgesehen.	

2.6 Produktion und Personal – Mitarbeiter und ihr Einsatz im Unternehmen

Je nach Angebots- und Dienstleistungspalette eines Unternehmens ist eine meist nicht unerhebliche Abhängigkeit von den involvierten Personen gegeben. Abgesehen von den Gründern sind die Mitarbeiter ein entscheidender Schlüsselfaktor für den Erfolg eines jungen Unternehmens.[14]

2.6.1 Personalplanung und Management – die richtigen Mitarbeiter richtig einsetzen

Wann Mitarbeiter einstellen?

Eine entscheidende Frage des Personalmanagements ist, warum und/oder wann der oder die Gründer überhaupt zusätzliches Personal benötigen. Ein solcher Fall tritt meist dann ein, wenn der oder die Gründer in irgendeiner Form (qualitativ oder quantitativ) Unterstützung beim operativen Geschäft benötigen.[15] Das Management eines jungen und kleinen bis mittleren Unternehmens unterscheidet sich dabei in vielen Bereichen wesentlich vom Management eines Großkonzerns.[16] Abbildung 11 gibt Ihnen einen Überblick, worauf Sie bei der Präsentation Ihrer Personalpolitik achten sollten.

Mitarbeiter entscheidend für Erfolg

Mitarbeiter bzw. Personal stellen neben den Betriebsmitteln eine entscheidende Größe für den Erfolg eines Unternehmens dar. Der Produktionsfaktor „Arbeit" spielt dabei seit einigen Jahren eine zunehmend wichtige Rolle, was das Ressourcenportfolio in Unternehmen betrifft.[17] Der Kampf um talentierte und leistungswillige Mitarbeiter, sogenannte

14 Vgl. zu den folgenden Kapiteln u. a. Fischl. Bernd: Geschäftspläne richtig erstellen – Wie man für den Gesundheitsmarkt einen Businessplan anfertigt; VDM Verlag Dr. Müller, Saarbrücken 2007, S. 53 ff.

15 Vgl. Dowling, Michael; Drumm, Hans-Jürgen (Hrsg.): Gründungsmanagement; Springer-Verlag, Berlin/Heidelberg/New York 2002, S. 205.

16 Vgl. Niehues, Karl: Strukturorientierte Unternehmenslehre für Klein- und Mittelbetriebe; in: DER BETRIEB, Heft 41, 53. Jg., 13. Oktober 2000, S. 2027.

17 Vgl. Hopfenbeck, Waldemar: Allgemeine Betriebswirtschafts- und Managementlehre; Verlag Moderne Industrie, 8. Auflage, Landsberg/Lech 1994, S. 223.

„High Potentials“ (bzw. später mit etwas mehr Berufserfahrung „High Performers“), ist seit Jahren im Gange und zeigt sich vor allem in konjunkturstarken Zeiten. Dieser Wettbewerb um kompetente Mitarbeiter ist u. a. in der zunehmend verkürzten Lebensarbeitszeit, der technologischen Modernisierung und in seit Jahrzehnten sinkenden Geburtenraten zu suchen. Gerade im immer stärker werdenden Dienstleistungsbereich zeigt sich schnell ein Fachkräftemangel. Viele Unternehmen dieses Bereichs klagten im Jahr 2007 über entsprechende Probleme.[18]

Ziel	• Aufzeigen von Kompetenzen und Erfahrungen des Managements, bevorzugt in technischen und administrativen Bereichen
Inhalt	• Präsentation des Kernteams: Erfahrungen und Fähigkeiten, die für den Unternehmenserfolg notwendig sind, Berufserfahrung und Industriekenntnis • Allokation der Verantwortlichkeiten • Eventuell schematische Darstellung der Organisation
Tipps	• Kompetenzen darstellen, nicht nur die Lebensläufe • Wissenslücken beschreiben und Vorschläge aufzeigen, wie diese zu füllen sind

Abbildung 11: Überblick über den Punkt „Team, Management, Personal“

Sobald Unternehmen die Seed-Phase verlassen haben und es an den Ausbau des Wachstums für die folgenden Jahre geht, ist zur Sicherstellung von → Effektivität und → Effizienz eine mittel- bis langfristige Personalplanung unentbehrlich.

Effektivität (lateinisch effectivus „bewirkend“)

- „Die richtigen Dinge tun.“ Unter „Effektivität“ versteht man das Verhältnis zwischen erreichtem und definiertem Ziel.
- Sie ist die Messgröße für die Erreichung des gesetzten Ziels.

Effizienz (lateinisch efficere „zustande bringen“)

- „Die Dinge richtig tun.“ Unter „Effizienz“ versteht man das Verhältnis vom Nutzen zu dem Aufwand, mit dem der Nutzen erzielt wird.
- Sie ist die Messgröße für Produktivität und Wirtschaftlichkeit.

[18] Vgl. Deutscher Industrie- und Handelskammertag: Dienstleistungsreport; hrsg. vom Deutschen Industrie- und Handelskammertag, Berlin/Brüssel 2007, S. 29.

Hierbei gilt es, das → Minimalprinzip und das → Maximalprinzip[19] verstärkt zu berücksichtigen, um die Ressourcen des jungen Unternehmens nicht unnötig zu beanspruchen.

MINIMALPRINZIP

- Ein bestimmtes Ziel mit möglichst geringem Nutzenverzehr erreichen.
- Kostenwirtschaftlich kann dies den Abbau von nicht benötigtem Personal sowie einen Personaleinsatz entsprechend vorhandener Qualifikation und eine möglichst optimale Abstimmung von Personal und Sachmitteln bedeuten.

MAXIMALPRINZIP

- Mit vorgegebenen bzw. verfügbaren Ressourcen möglichst viel bzw. ein festes Ziel möglichst gut erreichen
- Eine sog. Verbesserung der Leistungswirtschaftlichkeit erreicht man z. B. durch eine Steigerung von Leistungsfähigkeit, Leistungsbereitschaft und Leistungsmöglichkeit.

Auswahl der Mitarbeiter

Gerade bei jungen Unternehmen ist die Auswahl der Mitarbeiter für das Unternehmen von großer Bedeutung. Unternehmerisches Denken und Handeln sind Voraussetzung für eine mögliche erfolgreiche Entwicklung eines (nicht nur) jungen Unternehmens. Gleichzeitig haben hier die Mitarbeiter die Möglichkeit, eigene Vorstellungen einzubringen und sich selbst zu verwirklichen. Schnellere Aufstiegsmöglichkeiten aufgrund der flacheren Hierarchien gehen hierbei mit einem möglicherweise weniger sicheren Arbeitsplatz einher. „Von Anfang an dabei gewesen zu sein", wenn auch bei schlechterer Bezahlung, scheint hier einen entscheidenden und ausreichenden Reiz auszuüben. Dies sollten die Gründer bei der Einstellung von Mitarbeitern besonders in den ersten Jahren berücksichtigen.

Weiterhin sollte, das notwendige Personal, sobald es zur Verfügung steht, entsprechend den anstehenden und anfallenden Tätigkeiten zugeordnet werden. Anforderung der Tätigkeiten, Kompetenzen und Wünsche der Mitarbeiter sind idealerweise zu berücksichtigen, um eine Win-Win-Situation für Unternehmen und Mitarbeiter zu schaffen.

---

[19] Vgl. Witt, Dieter: Personalbedarfsdeckungsplanung der Krankenhausreinigung; in: Arbeitsbedingungen in Krankenhaus und Heim; hrsg. von Kurt Landau im Auftrag des Bayerischen Staatsministeriums für Arbeit, Familie und Sozialordnung, München 1991.

2.6.2 Personalanforderungsprofile

Welche Mitarbeiter benötigt das junge Unternehmen?

„Die Personalbedarfsplanung ist zunächst diejenige Funktion, die festlegt, welche Mitarbeiter zu welcher Zeit, an welchem Ort, in welcher Anzahl und Qualifikation benötigt werden.“[20] Meist ist die Planung des Personals bzgl. Qualitäts- und Quantitätsanforderungen ein Resultat aus anderen Bereichen der Geschäftsplanung.[21]

Soft Skills

Bei der Auswahl der Mitunternehmer bzw. der Mitarbeiter sollten alle notwendigen Qualifikationen bzw. Kompetenzen berücksichtigt werden. In der Vorbereitungs- und Aufbauphase eines Unternehmens spielen oft weiche Faktoren eine größere Rolle als rein fachliches Know-how. Erst bei zunehmender Größe des Start-ups ist eine Spezialisierung und Abtrennung der Zuständigkeitsbereiche sinnvoll. Auch konkrete und detaillierte Arbeitsanweisungen für die unterschiedlichen Aufgabengebiete sind erst dann sinnvoll.

Um Innovationen zu schaffen und wirtschaftlich zu nutzen, sind unterschiedlichste Kompetenzen erforderlich.[22] Die benötigten Fähigkeiten und Erfahrungen sind meistens in einem interdisziplinären Team zu finden. Das kann Missverständnisse verhindern.[23]

Bei einem neu gegründeten Unternehmen ist es meist ohnehin nicht oder nur sehr schwer möglich, eine genaue(re)Aufteilung der Bereiche darzustellen und umzusetzen. Eine Überschneidung der Tätigkeits- und Zuständigkeitsbereiche ist bei geringer Größe nicht zu vermeiden. Entscheidend ist jedoch, dass die informelle Zusammenarbeit der einzelnen Teammitglieder verschiedener Bereiche möglichst effektiv und effizient funktioniert. Dies stellt oft den einzigen Wettbewerbsvorteil neugegründeter und junger Unternehmen im Vergleich zu bereits etablierten Unternehmen dar.

Persönlichkeitstests

Bevor ein zusammengestelltes Team jedoch effizient und effektiv arbeitet, müssen die passenden Mitarbeiter gefunden werden. Der Schritt von der Theorie in die Praxis kann hier oft schwierig sein: Idealerweise kann man aus einer Vielzahl von Bewerbern diejenigen Personen auswählen, die aufgrund ihrer Persönlichkeit sowie ihrer persönlichen Qualifikationen

---

[20] Oechsler, Walter A.: Personal und Arbeit; Oldenbourg Verlag, 5. Auflage, München/Wien 1994, S. 110.

[21] Vgl. Ridder, Hans-Gerd: Personalwirtschaftslehre; Kohlhammer Verlag, Stuttgart/Berlin/Köln 1999, S. 129.

[22] Vgl. Hauschildt, Jürgen; Chakrabarti, Alok K.: Arbeitsteilung im Innovationsmanagement; in: Promotoren: Champions der Innovation; Gabler-Verlag, 2., erw. Aufl., Wiesbaden, 1999; S. 69; s. a.: Lang, Jack: The High-Tech Entrepreneur`s Handbook – How to start and run a High-Tech company; Pearson Education Limited, Great Britain 2002, S. 20.

[23] Vgl. Gmünden, Hans-Georg: Andere Spielregeln; in: Wirtschaftswoche, Nr. 32, 06. August 2007, S. 73.

das Team am besten vervollständigen. Für die Auswahl der geeigneten Mitarbeiter gibt es eine Reihe von Tests, die dazu dienen, unterschiedliche Charaktere aufzuzeigen, um ein harmonisches Team bilden zu können. Mit dem Einsatz derartiger Persönlichkeitstest lässt sich beispielsweise vermeiden, dass Mitarbeiter eingestellt werden, die aufgrund ihrer Verhaltensmuster nicht in der Lage sind, miteinander effektiv und effizient zusammenzuarbeiten.

Obwohl derartige Testverfahren häufig kostspielig und deshalb für junge Unternehmen meist eher unattraktiv sind, lassen sich auf ihrer Basis durchaus Rückschlüsse auf eine optimale Teamgestaltung ziehen. Es lässt sich durch diese Tests beispielsweise vermeiden, dass zwei dominante Mitarbeiter in einem Team zusammenarbeiten und somit ein erhöhtes Konfliktpotenzial besteht. Wie das erforderliche Personal rekrutiert werden kann, ist Inhalt des folgenden Kapitels.

2.6.3 Personalbeschaffung

Wie und wo bekomme ich geeignetes Personal?

Um den bei Wachstum entstehenden Personalbedarf zu decken, gibt es verschiedene Möglichkeiten. Je nach aktueller Wirtschaftslage ist es für Unternehmen unterschiedlich schwierig, geeignete Mitarbeiter zu finden. Bei schlechterer konjunktureller Lage und einem damit entspannten Arbeitsmarkt (für die Arbeitgeberseite) muss das Unternehmen weniger Aktivitäten an den Tag legen, da das Angebot an potenziellen Mitarbeitern ausreichend groß ist.

Intern und extern

Strukturieren kann man die Personalbeschaffung, indem man eine Unterteilung in interne und externe Personalbeschaffung vornimmt. Im Fall der internen Personalbeschaffung wird eine neu zu besetzende Stelle mit einem Mitarbeiter aus dem Unternehmen (aus einem anderen Bereich oder einer anderen Abteilung) besetzt. Bei der externen Personalbeschaffung werden Mitarbeiter außerhalb des Unternehmens angeworben, die aktuell nicht für das anwerbende Unternehmen arbeiten.

Passiv und aktiv

Eine andere Struktur bietet sich bzgl. einer Unterscheidung zwischen passiver und aktiver Personalbeschaffung. Die Definition wird auf die Aktivitäten eines Unternehmens abgestellt, die vonnöten sind, um Personal zu rekrutieren. Bei passiver Personalbeschaffung wird nur durch unterschiedliche Medien auf aktuell zu besetzende Stellen verwiesen. Bei der aktiven Personalbeschaffung werden potenzielle Bewerber z. B. durch Recruitingveranstaltungen, Personalberater, Workshops und Ähnliches angesprochen. Bei der Auswahl einer geeigneten und effizienten Strategie, um das richtige Personal auszuwählen, sind das Bild eines Unternehmens in der Öffentlichkeit sowie dessen Bekanntheitsgrad von entscheidender Bedeutung.

Bei neu gegründeten und jungen Unternehmen fällt die interne Personalbeschaffung aufgrund weniger oder bisher gar nicht vorhandener Mitarbeiter weg. Es verbleibt daher lediglich der externe und dabei besonders der aktive Weg, um an das gewünschte Personal zu kommen.

Für Firmen mit einem großen Bekanntheitsgrad und einer entsprechenden Medienpräsenz bietet sich hingegen der Weg der passiven Personalpolitik an. Eine mit der Zeit einhergehende Erhöhung des Bekanntheitsgrads kann somit eine Veränderung der Personalbeschaffungspolitik nach sich ziehen.

Praktikanten

Besonders gut eignet sich die Beschäftigung von Praktikanten. Dies ermöglicht dem Management bzw. dem Gründer, kompetente und engagierte zukünftige Mitarbeiter zu finden, die auch bereit sind, Initiative zu ergreifen und Verantwortung zu übernehmen. Im Gegensatz zu einem kurzen Vorstellungsgespräch fällt es dem Personalverantwortlichen durch die längere Zusammenarbeit leichter, den richtigen Mitarbeiter zu erkennen. Eine Einarbeitung in das Unternehmen kann bei einer Übernahme signifikant kürzer ausfallen, da der künftige Mitarbeiter bereits als Praktikant das Unternehmen kennengelernt hat. Zusätzlich ist die Beschäftigung von Praktikanten und Werkstudenten aufgrund der geringeren Personalkosten interessant. Folglich stellt diese Methode sowohl für das Unternehmen als auch für die Praktikanten eine geeignete Möglichkeit dar, einen Mehrwert zu schaffen.

Personalleasing

Entscheidend für das Personalmanagement ist jedoch, dass das Unternehmen selbst bei einem Nachfragerückgang flexibel genug ist, um nicht in umsatzschwächeren Zeiten von belastenden Fixkosten erdrückt zu werden. Gleichzeitig sollten allerdings auch keine Aufträge aufgrund von Personalmangel abgelehnt werden müssen. Freiberufliche Fachkräfte können hier genauso wie Personalleasing hilfreiche Instrumente sein. Die boomende Entwicklung der Branche der Zeitarbeit scheint ein Indikator für diese These zu sein.[24]

2.6.4 Personalführung, -motivation und -honorierung – wie wertvolle Mitarbeiter dem Unternehmen möglichst lange treu bleiben

Im Abschnitt „Personalführung, -motivation und -honorierung" eines Businessplans wird beschrieben, wie die Mitarbeiter an das Unternehmen gebunden und wie sie motiviert werden können, dauerhaft die geforderte Leistung zu erbringen.[25] Das Management und dessen Mitarbeiter sind ein entscheidender Faktor für eine erfolgreiche Unternehmensentwicklung.

---

[24] Vgl. Dirk, Holtbrügge: Personalmanagement; Springer Verlag, 3. überarbeitete und erweiterte Auflage, Berlin 2007, S. 41.

[25] Der Inhalt des Kapitels ist teilweise entnommen aus: Fischl, Bernd: Geschäftspläne richtig erstellen. Wie man für den Gesundheitsmarkt einen Businessplan anfertigt; VDM Verlag Dr. Müller, Saarbrücken 2007, S. 58 ff.

Dabei bieten sich je nach Unternehmer, Art des Unternehmens und Ausprägung der Mitarbeiter unterschiedliche „Führungsstile" an.

Unter „Führungsstil" ist eine Art der Beeinflussung des individuellen Verhaltens zu verstehen.

Einteilung nach Lewin

Die klassische Dreiteilung von Führungsstilen (nach Lewin/Lippit/White, 1935) unterscheidet zwischen autokratisch, demokratisch und Laissez-faire. Basierend auf den Hauptausprägungen eines Führungsstils gibt es eine Unmenge Misch- und Zwischenformen. Auch in Ihrem Businessplan sollten Sie Ihren angestrebten Führungsstil aufführen, um Ihren Mitunternehmern und Mitarbeitern vorab ein möglichst klares Unternehmensbild zu liefern.

- Beim autokratischen Führungsstil laufen alle Ereignisse über den Führer. Er allein bestimmt die Marschroute. Den Maßstab für die Bewertung der Tätigkeiten lässt der Führer erkennen.
- Anders der demokratische Führer. Er versucht, Eigeninitiative, Diskussion und gemeinsame Entscheidungen allem voranzustellen. Bei der Beurteilung strebt er so weit wie möglich nach Objektivität.
- Der Laissez-faire-Führer strebt eine extrem liberale Stellung an und versucht, die Gruppenmitglieder möglichst wenig zu beeinflussen. Sie genießen volle Freiheit. Eine Bewertung seitens des Führers über die Mitglieder wird vermieden.

Die hier vorgenommene Dreiteilung ist eine idealtypische Konzeption, was eine Überprüfung praktisch unmöglich macht. Auch wird sie der Komplexität des Führungsprozesses nicht gerecht. Aufgrund dieser doch erheblichen Mängel wird bei aktuelleren Forschungen zunehmend davon Abstand genommen und versucht, sie durch empirische Größen zu ersetzen.

Enteilung nach Weber

Eine weitere Strukturierungsmöglichkeit der Führungsstile ist die Unterteilung in vier Klassen nach Weber. Hier wird unterschieden zwischen patriarchalisch, charismatisch, autokratisch und bürokratisch.

- Im ersten Fall (patriarchalisch) wird der Familienvater (Patriarch) als Führungspersönlichkeit ungefragt anerkannt. Er trägt die Verantwortung, Pflicht und Sorge und erwartet im Gegenzug Treue, Anerkennung, Gehorsam und Dank. Es existiert nur eine Führungsinstanz und Entscheidungsbefugnis kann nicht delegiert werden.
- Der charismatische Führer besticht durch seine herausragende Persönlichkeit. Vor allem in Krisen- und Notsituationen ist er anderen Führungspersönlichkeiten überlegen, da in diesen Zeiten oft der Sinn für Rationalität verloren geht. Auf strukturelle Maßnahmen kann aufgrund der persönlichen Erscheinung des Führers verzichtet werden.
- Den autokratischen Führungsstil findet man vornehmlich in größeren Organisationen. Charakteristisch ist eine große hierarchische Ordnung. Die nachgeordneten Instanzen sorgen für die Durchsetzung der

Entscheidungen des Autokraten und verhindern einen direkten Kontakt zwischen Führer und Geführten.

- Eine übertriebene Form von Reglementierungen und Strukturierungen in Form von Geboten und Anordnungen liegt beim bürokratischen Führungsstil vor. Statt einer willkürlichen Herrschaft legt der bürokratische Führer Wert auf Sachkompetenz, was normalerweise von den Geführten als gerecht und legal akzeptiert wird.

Autoritativ vs. kooperativ

Als dritte Möglichkeit, Führungsstile zu unterscheiden bzw. voneinander abzugrenzen, bietet sich eine stark abstrahierte Zweiteilung an, die sich überwiegend im Schrifttum durchgesetzt hat.

Hier wird zwischen autoritativ (autoritär, absolutistisch) und kooperativ (partizipativ, demokratisch) unterschieden. Die nach Lewin angeführte dritte Art, die Laissez-faire-Führung, wird hier ausgeklammert, da die Notwendigkeit bzw. der Nutzen einer solchen Führung (Selbstbestimmung und Eigenständigkeit der Gruppenmitglieder) nicht anerkannt wird.

In dieser reinen Form kommen Führungsstile in der Praxis nicht vor, da jede dieser Grundformen ein breites Spektrum von speziellen Führungsstilen aufweist. Sie liegen immer zwischen den Extremen. Die entscheidenden Kriterien, wann welcher Führungsstil vorliegt, basieren auf dem Ausmaß der Zuordnung von Aktivitäten und dem Grad der Einbeziehung in den Prozess der Entscheidungsfindung und Willensdurchsetzung für Führer und Geführte. Die Unmöglichkeit des empirischen Nachweises dieser idealtypischen Konzeptionierungen hat dazu geführt, aus den Vorgaben realtypische Führungsstile zu entwickeln, aus denen Aussagen für die Praxis abgeleitet werden können.

Führungskräfte der Zukunft sind nicht mehr die absoluten Spezialisten in einem Fachbereich, sondern mehr Koordinator, Moderator und Berater in einer Person. Interdisziplinarität ist also genauso gefragt wie soziale Kompetenz.[26]

Die führungs- und personalpolitischen Instrumente (Entgeltpolitik, Sozialleistungspolitik, Aufgabenverteilung, Mitarbeiterentwicklung) sind hier unter Berücksichtigung der Ziele der Mitarbeiter auf die Betriebsziele entsprechend auszuwählen.[27] Management by Objectives ist die zugehörige Management- bzw. Führungstechnik, die sich auf die Führung durch Zielvereinbarungen und deren Erreichung begründet.[28] Sie scheint auch für junge Unternehmen geeignet zu sein. Grundsätzlich kann man

[26] Vgl. Nerdinger, Friedemann W.; von Rosenstiel, Lutz: Führung in kritischen Zeiten. Sind deutsche Manager für die Zukunft gerüstet?; in: Psychologie heute, Ausgabe Dezember 1993, S. 58 ff.

[27] Vgl. Witt, Dieter: Grundsätze, personalpolitische; Sonderdruck aus „Personal-Enzyklopädie“ Band 2; Verlag Moderne Industrie.

[28] Vgl. Bühner, Rolf: Betriebswirtschaftliche Organisationslehre; Oldenbourg Verlag, 6. Auflage, München 1992, S. 78 f.

momentan einen Wandel vom eher autoritär-patriarchalischen zu einem offenen, kooperativen und dynamischen Führungsstil erkennen.[29]

Formen der Unternehmensführung

Das oberste Ziel einer privaten, erwerbswirtschaftlich orientierten Unternehmung ist die langfristige Gewinnmaximierung. Zur Verwirklichung dieser Zielsetzung bedarf es einer entsprechend ausgerichteten Führung, die die Zusammensetzung der unterschiedlichen Produktionsfaktoren plant, organisiert und das Ergebnis kontrolliert. Diese Führungskräfte bezeichnet man, genauso wie deren Tätigkeit, als das „Management des Unternehmens".30 Zu unterscheiden ist hier die klassische Unternehmensführung von der strategischen Unternehmensführung. Bei Ersterer wird versucht, auf sich ergebende Umweltveränderungen zu reagieren. Bei der strategischen Unternehmensführung versucht man, diese Veränderungen in der strategischen Planung zu ermitteln und ihnen mit einer geeigneten Strategie entgegenzutreten.

Die strategische Unternehmensführung ist langfristig ausgerichtet und beinhaltet keine konkreten Handlungsanweisungen oder Details. Die Umsetzung der strategischen Ziele bzw. die mittel- und kurzfristige Ausrichtung des Unternehmens erfolgen dann in der taktischen bzw. operativen Planung. Bei kleineren Unternehmen, die weniger von einschneidenden Umweltveränderungen betroffen sind, hat die strategische Planung nur untergeordnete Bedeutung.[31]

Führungsstil junger Unternehmen

Für ein junges Unternehmen empfiehlt sich meist ein kooperativer und eher delegativer oder auch charismatischer Führungsstil.[32] In den letzten Jahren sind grundsätzliche Tendenzen in Richtung dieses Führungsstils zu erkennen. Dies ist vor allem wichtig, um die Innovationsbereitschaft zu fördern, die u. a. auch vom Führungsstil abhängt.[33]

Beteiligung von Mitarbeitern

Allgemein hat sich die kooperative Führung weitgehend durchgesetzt. Die Gründer und Mitarbeiter sollen als Team funktionieren. Übertragung von Verantwortung, Schaffung von Handlungsspielräumen und verstärkte Kommunikation zwischen Vorgesetzten und Mitarbeitern sind Elemente dieses Führungsstils. Auf die zu treffenden Entscheidungen nehmen die Arbeitnehmer in beratender Weise Einfluss, da „horizontale Organisationsstrukturen häufig zu höherwertigen Arbeitsergebnissen führen als hierarchisch-vertikale. Für Tätigkeitsfelder im Marketing oder

---

29 Vgl. Koch, Zacharias: Gründungsmanagement mit Aufgaben und Lösungen; Oldenbourg Verlag, München, Wien 2001, S. 294.

30 Vgl. Wöhe, Günter: Einführung in die Allgemeine Betriebswirtschaftslehre; Verlag Vahlen, 19. Auflage, München 1996, S. 97.

31 Vgl. Wöhe, Günter: Einführung in die Allgemeine Betriebswirtschaftslehre; Verlag Vahlen, 19. Auflage, München 1996, S. 100 f.

32 Vgl. Koch, Zacharias: Gründungsmanagement mit Aufgaben und Lösungen; Oldenbourg Verlag, München, Wien 2001, S. 295.

33 Vgl. Krause, D. E.; Klöhn, C.: Führung in Innovationsprozessen als Balance zwischen Vertrauen und Machteinsatz; in: Wirtschaftspsychologie, 9. Jg. 02/ 2002, S. 72.

bei umfangreichen Projekten ist Teamarbeit fast obligatorisch geworden, um hochwertige Leistungen zu garantieren."[34] Die Mitarbeiter können sich dadurch mit den Zielen der Organisation identifizieren und gleichzeitig Ihre Leistungsfähigkeit, vor allem aber Leistungsbereitschaft, welche meist den begrenzenden Faktor darstellt, steigern.

Mit der Beteiligung von Mitarbeitern am Unternehmen werden folgende Ziele verfolgt:[35]

- Eine stärkere Motivierung von Mitarbeitern sowie Identifizierung der Mitarbeiter mit dem Unternehmen (Unregelmäßige Vergütungen wirken stärker als regelmäßige.)
- Stärkere Unabhängigkeit von anderweitiger Außenfinanzierung
- Partnerschaftsgefühl mit den Mitarbeitern

Die Nachteile dieser Gestaltung liegen in den folgenden Punkten:

- Bürokratische Durchführung
- Klumpenrisiko für die Mitarbeiter im Fall einer Insolvenz

Eine generelle Eignung bzw. Nichteignung kann somit nicht pauschal beurteilt werden, sondern erfordert eine individuelle Betrachtung.

Die direkte oder indirekte Beteiligung am Unternehmenserfolg, z. B. durch eine teilweise Vergütung in Unternehmensanteilen oder die Partizipation der Mitunternehmer an Unternehmensentscheidungen, ist hierbei Teil des Führungsstils.

Die Bevorzugung eines speziellen Führungsprinzips (z. B. Management by Delegation, Management by Objectives) scheint in frühen Phasen des Unternehmens noch nicht sinnvoll und/oder praktikabel. Die Vorteile eines jungen Unternehmens wie Flexibilität oder auch Innovation würden hierdurch behindert oder sogar gänzlich aufgehoben.

Die Organisationskultur, welche gemeinsame Werte, Normen und Symbole beinhaltet, soll hier nicht näher erklärt werden. Die Betriebskultur kann nur Wirkung entfalten, wenn sie eine entsprechende Stärke aufweist. Diese muss sich bei jungen Unternehmen erst entwickeln bzw. muss entwickelt werden. Mit zunehmender Unternehmensgröße und damit überproportional ansteigendem Organisations- und Koordinationsaufwand wird die dann immer wichtiger, da die Kultur eines Betriebs u. a. durch wichtige Motivationseffekte Effizienz- und Effektivitätssteigerungen erwarten lässt.[36]

---

[34] Lorenz, Karl-Heinz: Dem Erfolg Flügel verleihen; in: Salesbusiness. Das Entscheidermagazin, 11. Jahrgang, Ausgabe Dezember 2001, Heft 12, S. 58 f.

[35] Vgl. Leven, Franz-Josef; Rosen, R. Freiherr von: Mitarbeiterbeteiligung und Stock-Option-Pläne in Deutschland und im internationalen Vergleich; in: Harrer, Herbert: Mitarbeiterbeteiligungen und Stock-Option-Pläne; Becksche Verlagsbuchhaltung, München 2000, S. 1.

[36] Vgl. Faller, Peter; Witt, Dieter (Hrsg.): Schriften zur öffentlichen Verwaltung und öffentlichen Wirtschaft: Dienstprinzip und Erwerbsprinzip; Sonderdruck; Nomos Verlagsgesellschaft, Baden-Baden.

Motivierung des Personals

Um stetig gute Arbeitsergebnisse zu ermöglichen, ist die Motivierung des Personals ein ausschlaggebender Punkt. Hierzu kann eine Vielzahl von Instrumenten sinnvoll sein. Man unterscheidet materielle und immaterielle Instrumente. Unter Ersteren versteht man Entgelt- und Sozialleistungspolitik, unter Letzteren Aspekte wie Beförderungspolitik, Arbeitsbedingungen und Führungsstil.

Auf eine Diskussion über intrinsische und extrinsische Motivation von Mitarbeitern wird an dieser Stelle verzichtet. Dies kann an anderer Stelle nachgelesen werden.

Aufgrund der Komplexität der Führungsthematik ist allerdings keine abschließende eindeutige wissenschaftliche Meinung vorhanden, welche die Interdependenzen der unterschiedlichen Faktoren auf den Grad des Erfolgs bei jungen Unternehmen beschreibt.[37]

Die Flexibilität der Tätigkeit kann z. B. für freiberufliche Mitarbeiter ein ausschlaggebender Punkt sein, auf eine Festanstellung zu verzichten. Dieser Aspekt kann somit wichtig werden, um eine entsprechende Motivation sicherzustellen.

Vergütung

Bei der Vergütungsstruktur, d. h. der Aufteilung zwischen Grundgehalt und variablen Vergütungskomponenten, sind u. a. Kultur, Größe, Strategie und Ziele wichtig. Bei kleineren und stark wachsenden Betrieben kann durchaus eine Aufteilung von 50 % Grundgehalt und 50 % variabler Vergütung sinnvoll sein.

In der Praxis unterscheidet man drei Arten von Vergütung:

- Kurzfristige variable Vergütung (Jahresbonus)
- Langfristige variable Vergütung (mehrjährige Berechnungsmodelle)
- → Mitarbeiterbeteiligungsmodelle

Mitarbeiterbeteiligungsmodelle

- Bei Mitarbeiterbeteiligungsmodellen wird anstelle eines festen Grundgehalts meist eine fixe Grundvergütung plus Beteiligungen des Unternehmens an die Belegschaft ausgegeben.
- Dadurch verspricht sich das Unternehmen einen höheren Motivationsgrad beim Arbeitnehmer zu erreichen, da dieser durch die Beteiligungen direkt am Unternehmenserfolg partizipiert.
- Diese Methode der Mitarbeiterentlohnung ist jedoch nicht frei von Kritik, da die Mitarbeiter durch die Beteiligungen zusätzlich zum Risiko, den Arbeitsplatz zu verlieren, auch das Unternehmensrisiko tragen.

[37] Vgl. Ulrich, Peter; Fluri, Edgar: Management; Verlag Paul Haupt, 6. neu bearbeitete und ergänzte Auflage, Bern 1992, S. 314.

Die oben genannten Punkte sollen sicherstellen, dass die Mitarbeiter die Unternehmensziele verfolgen.[38]

An dieser Stelle muss betont werden, dass Entlohnung meist als → Hygienefaktor zu betrachten ist, der zwar Unzufriedenheit (aufgrund zu niedriger Bezahlung) verhindert, aber nicht zwingend Zufriedenheit (bei sehr hoher Vergütung) schafft. Eine reine und dauerhafte Motivation über die monetäre Entlohnung ist in der Praxis kaum möglich. Dies sollte bei der Gestaltung und Darstellung im Businessplan berücksichtigt werden.

Hygienefaktor

- Frederick Herzberg unterscheidet in seiner Zwei-Faktoren-Theorie zwischen Motivatoren und Hygienefaktoren.
- Seiner Meinung nach stellen Hygienefaktoren wie z. B. Geld und Arbeitsklima erst dann eine demotivierende Komponente dar, wenn mit ihnen etwas nicht stimmt.
- Im Gegensatz zu Hygienefaktoren handelt es sich bei Motivatoren um Faktoren, die uns gerne in die Arbeit gehen lassen. Ein Beispiel hierfür kann die Selbstverwirklichung im Beruf sein.

2.6.5 Personalfreistellung – wenn Mitarbeiter freigesetzt werden (müssen)

Trotz aller Bemühungen und Managementkompetenzen kann es vorkommen, dass in einem Unternehmen Mitarbeiter aus unterschiedlichen Gründen wieder freigestellt werden sollen bzw. müssen. Die Gründe hierfür können in einer nicht ausreichenden Leistungsfähigkeit oder Leistungswilligkeit liegen, aber auch in einer schlechten Auftragslage. Unter die Personalfreistellung fallen dabei nicht nur externe Maßnahmen wie Personalentlassung, sondern auch interne Maßnahmen wie beispielsweise Arbeitszeitverkürzung oder Aufgabenumverteilung. Dadurch lassen sich kurzfristige Personalüberhänge in wirtschaftlich schlechteren Zeiten auffangen, ohne qualifiziertes Personal entlassen zu müssen. Selbstverständlich bietet es sich auch an, Überstunden abzubauen oder Kurzarbeit einzuführen.

Kurzarbeit

Vor allem die Kurzarbeit ist im Zuge der aktuellen Finanzkrise immer mehr in den Fokus der Öffentlichkeit geraten. Bei Kurzarbeit handelt es sich um die Verminderung der Arbeitszeit in einem Betrieb. Meist wird diese Alternative zum Personalabbau immer dann ergriffen, wenn ein Auftragsmangel, Materialmangel oder beispielsweise eine Maschinenüberholung anstehen. Eine solche kurzfristige Arbeitszeitverkürzung findet in der Regel immer ohne Lohnkürzungen statt. In Zeiten konjunktureller Durststrecken kann es jedoch vorkommen, dass neben einer Verkürzung der Arbeitszeit auch eine Lohnkürzung angestrebt wird. Dies kann jedoch

[38] Vgl. Kleiner, Marco: Ziele und Anreize für Mitarbeiter; in: Personalmagazin, Ausgabe 12/2001, S. 52 ff.

nur mit Zustimmung aller Arbeitnehmer oder durch eine entsprechende Regelung im Tarifvertrag sowie durch Betriebsvereinbarungen durchgesetzt werden. Wird die Kurzarbeit rechtzeitig bei der Agentur für Arbeit beantragt, zahlt diese aus Mitteln der Bundesanstalt für Arbeit ein Kurzarbeitergeld. Um die Höhe dieser Leistung zu ermitteln, bietet die Agentur für Arbeit auf ihrer Homepage einen Kurzarbeitergeld-Rechner an. Er kann unter http://www.arbeitsagentur.de/nn_26408/zentraler-Content/A06-Schaffung/A062-Beschaeftigungsverhaeltnisse/Allgemein/Kurzarbeitergeld.html abgerufen werden.

Kündigung

Lässt es sich trotz aller Versuche nicht verhindern, Personal abzubauen und somit Arbeitsverträge zu kündigen, müssen laut Bürgerlichem Gesetzbuch (BGB) einige Formalien beachtet werden. Prinzipiell gilt, dass jede Vertragspartei den Arbeitsvertrag unabhängig von der anderen kündigen kann. Diese Kündigung ist jedoch erst rechtsgültig, wenn sie der anderen Vertragspartei zugegangen ist. Außerdem muss eine Kündigung in Schriftform vorliegen. Kündigungen in elektronischer Form, also zum Beispiel in Form einer E-Mail, fallen nicht unter die gesetzlich geforderte Schriftform einer Kündigung. Insbesondere die Kündigung durch den Arbeitgeber ist im BGB in § 622 bezüglich des Zeitpunkts der Kündigung streng geregelt. Durch das BGB § 622 Absatz 2 wird Folgendes vorgegeben:

„Für eine Kündigung durch den Arbeitgeber beträgt die Kündigungsfrist, wenn das Arbeitsverhältnis in dem Betrieb oder Unternehmen

- zwei Jahre bestanden hat, einen Monat zum Ende eines Kalendermonats,
- fünf Jahre bestanden hat, zwei Monate zum Ende eines Kalendermonats,
- acht Jahre bestanden hat, drei Monate zum Ende eines Kalendermonats,
- zehn Jahre bestanden hat, vier Monate zum Ende eines Kalendermonats,
- zwölf Jahre bestanden hat, fünf Monate zum Ende eines Kalendermonats,
- 15 Jahre bestanden hat, sechs Monate zum Ende eines Kalendermonats,
- 20 Jahre bestanden hat, sieben Monate zum Ende eines Kalendermonats.

Bei der Berechnung der Beschäftigungsdauer werden Zeiten, die vor der Vollendung des 25. Lebensjahres des Arbeitnehmers liegen, nicht berücksichtigt.“[39]

---

[39] BGB, § 622, Absatz 2.

Diese gesetzliche Regelung schränkt die Handlungsfreiheit des Arbeitgebers also je nach Beschäftigungsdauer mehr oder weniger stark ein. Plant der Arbeitgeber eine krisenbedingte externe Personalfreisetzung, sollten rechtzeitig die entscheidenden Schritte eingeleitet werden.

Um Missverständnisse und Unsicherheiten unter den Mitarbeitern zu verhindern, sollten die Grundsätze der Personalpolitik immer eindeutig und verständlich formuliert und kommuniziert werden. Transparenz und Kontinuität für die Ausgestaltung der Personalpolitik sollten gegeben sein.

In einem umfangreicheren Businessplan sind sowohl die Personalpolitik als auch die Art der Kommunikation aufzuzeigen. Eventuell ist es sogar sinnvoll, die Umsetzung bei der Freistellung von Personal kurz darzustellen, wenn es sich um eine sehr volatile Branche handelt. Dies gibt potenziellen Investoren Sicherheit bzgl. der Flexibilität in Bezug auf die personellen Kapazitäten.

Ein Beispiel aus der Praxis – SEMESTERBOOKS.de

5. Personalplanung Die Anzahl der Mitarbeiter wird vor allem durch die steigenden Nutzerzahlen erhöht werden. Wir rechnen zum Jahresende mit Userzahlen im mittleren fünfstelligen Bereich. Vor allem in den Bereichen Support, IT-Entwicklung und Marketing wird immer mehr Personal benötigt werden, um neue User zu generieren und die bereits vorhandenen User zufriedenzustellen.[31]	31 SEMESTERBOOKS.de beschreibt in dem vorliegenden Businessplan neben dem zukünftigen Personalbedarf auch, woher das benötigte Personal rekrutiert werden soll. Das zeigt dem Investor nicht nur, dass sich SEMESTERBOOKS.de über die Konsequenzen eines Wachstums im Klaren ist, sondern auch, dass SEMESTERBOOKS.de bereits eine entsprechende Lösung vorzuweisen hat.
Als Start-up benötigen wir für das erste Halbjahr neben dem Management-Team noch zwei weitere Praktikanten (Vollzeit). Die Praktikanten kommen idealerweise direkt aus dem studentischen Umfeld. Durch den großen „Run" auf Praktika, gestartet durch die neuen Bachelorstudiengänge, sind Arbeitskräfte folglich keine Mangelware. Ab dem zweiten Halbjahr werden wir erfahrene Fachkräfte aus Marketing und IT-Spezialisten anwerben.	

Personalplanung nach Funktion					
	2009/1	2009/2	2010/1	2010/2	2011/1
Entwicklung/ Strategie	1	2	3	4	5
Marketing/ Verkauf	1	2	3	5	8
Finanzen	1	1	1	2	2
Personal/ Administration	1	1	1	2	2
Technik/Support	1	3	5	8	12
Total Personal	5	9	13	21	29

2.7 Finanzplanung: Schätzen Sie Ihren zukünftigen Gewinn

Die Finanzplanung ist ein Kernstück der gesamten Unternehmensplanung, weil es die Gründer/Unternehmer zwingt, die qualitativen Beschreibungen und Einschätzungen detailliert zu quantifizieren. Abbildung 12 hilft Ihnen dabei, einen Überblick darüber zu bekommen, wie Sie Ihren Businessplan bezüglich der Ziele und des Inhalts des Abschnitts „Finanzplanung" ausgestalten sollten.

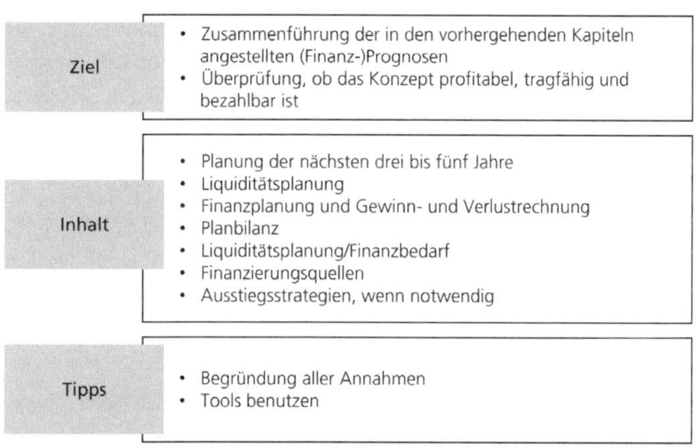

Abbildung 12: Übersicht über die Finanzplanung Ihres Businessplans

Anhand der Finanzplanung werden meist → Meilensteine (sog. Milestones) festgelegt und nach entsprechender Umsetzung auch ein Soll-Ist-Vergleich durchgeführt.

Meilensteine

- Als Meilensteine werden die wichtigsten Abschnitte Ihrer Businessplanung verstanden.
- Dabei ist es wichtig, dass Sie diese im Zeitablauf darstellen und gegebenenfalls Alternativen bei Nichterreichung aufzeigen.
- Am besten kalkulieren Sie ein Best-Case und ein Worst-Case-Szenario, um eine umfassende Unternehmensentwicklung darzustellen.
- Beispiele für Ihre Meilensteine: Eröffnung der ersten Filiale eines Handelsunternehmens, Launch der Homepage einer Internetfirma usw.

Konkret versteht man unter einem „Finanzplan“ oder „Finanzkonzept“ die Organisation aller notwendigen Aspekte, die für die Unternehmensfinanzierung kurz-, mittel- und langfristig notwendig sind. Ungefähr 50 % aller mittelständischen Unternehmen haben diesen Planungsbereich in den vorangegangenen Jahren vernachlässigt.[40] Finanzierungsprobleme stellen immer noch die häufigste Ursache für das Scheitern von (insbesondere jungen) Unternehmen dar.[41] Um jedoch eine solide Finanzplanung auch für noch unerfahrene Businessplan-Autoren zu gewährleisten, wurde diesem Buch eine CD mit einem Excel-Tool beigefügt. Dieses Tool ermöglicht es Gründern, mit geringem Aufwand sämtliche für die Finanzplanung relevanten Kennzahlen zu erstellen.

Excel-Tool

Im nachfolgenden Kapitel wird mithilfe des dem Buch beigelegten Excel-Tools das Erstellen einer Finanzplanung erläutert. Dabei ist zu beachten, dass Sie nur die gelb markierten Felder im Excel-Tool ausfüllen muss – die anderen Felder enthalten nach Eingabe der notwendigen Informationen automatisch berechnete Werte. Aus Vereinfachungsgründen wird hier immer nur das erste Geschäftsjahr herausgegriffen, erläutert und im Buch grafisch dargestellt. Da die Folgejahre kaum oder nur geringfügig von dem ersten Jahr abweichen, ist eine detaillierte Darstellung der Folgejahre nicht notwendig. Zusätzliche Erläuterungen stehen Ihnen im Excel-Tool zur Verfügung, wenn Sie die Maus über die entsprechenden Felder bewegen. Dennoch sollten Sie beachten, dass durch dieses Programm natürlich nicht alle Spezialfälle abgedeckt werden können. Bei Sonderfällen muss das Programm entsprechend ergänzt werden.

Bei auftretenden Finanzierungsproblemen ist es oft die → Liquidität und nicht die → Rentabilität, die den jungen Unternehmen Probleme bereitet. Deshalb ist bei der Finanzierungsplanung des Unternehmens eine Trennung von Liquiditäts- und Rentabilitätsbetrachtungen sehr wichtig.

Insolvenz kann ansonsten trotz profitabler, d. h. hochrentabler Geschäftstätigkeit die Folge sein. Der Liquiditätsplanung ist deshalb ein separates

---

[40] Vgl. o. V.: Mittelständler unter Druck; in: W & V, Ausgabe 47, 23.11.2001, S. 10.

[41] Vgl. Dowling, Michael; Drumm, Hans-Jürgen (Hrsg.): Gründungsmanagement; Springer Verlag, Berlin/Heidelberg/New York 2002, S. 26.

Kapitel gewidmet, in dem auf die wichtigsten Punkte eingegangen wird (siehe hierzu Kapitel 2.7.2).[42]

Liquidität

- Grundsätzlich versteht man unter dem Begriff „Liquidität" die Fähigkeit, ein Wirtschaftsgut mit geringem Zeitaufwand gegen ein anderes zu tauschen.
- Durch die Einführung der Geldwirtschaft wird der Begriff „Liquidität" hauptsächlich auf die Verfügbarkeit von Zahlungsmitteln bezogen.
- Dabei steht vor allem die Fähigkeit eines Wirtschaftsobjekts, seinen Zahlungsverpflichtungen jederzeit nachkommen zu können, im Vordergrund.

Rentabilität

- Die Rentabilität wird definiert als das Verhältnis einer Erfolgsgröße zum eingesetzten Mittel.
- Die Gesamtkapitalrentabilität gibt beispielsweise die Rendite wieder, mit der das eingesetzte Kapital (Fremdkapital + Eigenkapital) verzinst wird.

Im beigefügten Excel-Tool haben Sie die Möglichkeit, eine Liquiditätsvorschau zu erstellen. Angaben über das Erstellen einer Liquiditätsvorschau finden Sie unter dem Punkt 2.7.2 „Liquiditätsplanung". Zusätzlich bietet das Programm Ihnen die Möglichkeit, nach Eingabe der Kosten, Umsätze, Investitionen und Abschreibungen ohne weiteren Mehraufwand eine Rentabilitätsvorschau zu erstellen.

Rentabilitätsvorschau

Gemäß Abbildung 13 kann der Gründer auf Basis der eingegebenen Schätzwerte Rohgewinn I, Rohgewinn II, erweiterten Cashflow, Cashflow und den Reingewinn vor Steuern in der Rubrik „Rentabilitätsvorschau" abrufen. Hierbei bietet die Software nicht nur eine jährliche Betrachtung, sondern versetzt Sie zusätzlich in die Lage, die Rentabilitätsvorschau für die einzelnen Quartale einzusehen.

Rentabilitätskennzahlen

Neben der Rentabilitätsvorschau bietet das Tool zusätzlich die Möglichkeit, mehrere Rentabilitätskennzahlen zu berechnen. Diese finden sich in der Rubrik „Rentabilitätskennzahlen". Wie Abbildung 14 zeigt, wird hier eine Übersicht über Eigenkapital und langfristiges Fremdkapital, Fremdkapitalzinsen, Anlagevermögen, Jahresüberschuss, Umsatz und Bilanzsumme angegeben. Auf Basis dieser Werte errechnet das Planungstool neben der Eigenkapitalquote auch die Eigenkapital-, Gesamtkapital- und Umsatzrentabilität sowie den Anlagedeckungsgrad und den Return on Investment (ROI). Dabei gibt die Eigenkapitalquote das Verhältnis zwischen Eigen- und Gesamtkapital an. Diese Kennzahl wird in der Regel verwendet, um die finanzielle Stabilität des Unternehmens abzubilden. Oft wird nämlich davon ausgegangen, dass mit abnehmen-

---

[42] Vgl. Klandt, Heinz: Gründungsmanagement: Der integrierte Unternehmensplan; Oldenbourg Verlag, München/Wien 1999, S. 174.

					1. Jahr	2. Jahr	3. Jahr
	1. Qu.	2. Qu.	3. Qu.	4. Qu.	1.- 4. Qu.	1.- 4. Qu.	1.- 4. Qu.
Nettoumsatz	0	0	0	0	0	0	0
./. Wareneinsatz	0	0	0	0	0	0	0
= Rohgewinn I	**0**	**0**	**0**	**0**	**0**	**0**	**0**
./. Personalkosten	0	0	0	0	0	0	0
./. sonstige Kosten	0	0	0	0	0	0	0
= erweiterter Cashflow	**0**	**0**	**0**	**0**	**0**	**0**	**0**
./. Zinsen	0	0	0	0	0	0	0
= Cashflow	**0**	**0**	**0**	**0**	**0**	**0**	**0**
./. Afa	0	0	0	0	0	0	0
= Reingewinn vor Steuern	**0**	**0**	**0**	**0**	**0**	**0**	**0**

Abbildung 13: CD-Vorlage Rentabilitätsvorschau

dem Eigenkapital sowohl die Unabhängigkeit als auch der finanzielle Spielraum des Unternehmens abnehmen.

Return on Equity

Die Eigenkapitalrentabilität, im Englischen auch mit „Return on Equity" (ROE) bezeichnet, wird hingegen durch Division des Jahresüberschusses durch das Eigenkapital ermittelt. Dies zeigt den prozentualen Erfolg des vom Investor eingesetzten Eigenkapitals. Bei der Gesamtkapitalrentabilität handelt es sich um eine Kontrollgröße, die Auskunft darüber gibt, wie ergiebig das Management mit dem eingesetzten Kapital umgeht. Wie im Excel-Sheet erläutert, errechnet es sich aus der Summe des Jahresüberschusses und der Fremdkapitalzinsen, dividiert durch die Bilanzsumme.

Umsatzrentabilität

Setzt man hingegen den Jahresüberschuss mit dem Umsatz ins Verhältnis, so erhält man die Umsatzrentabilität. „Die Umsatzrentabilität kann unterschiedlich definiert werden. Als Zählergröße, die zu den Umsatzerlösen ins Verhältnis zu setzen ist, kommt zum einen der Betriebserfolg im Sinne des ordentlichen Betriebsergebnisses, zum anderen der Jahresüberschuss/-fehlbetrag in Betracht. Da nur korrespondierende Größen sinnvoll zueinander in Beziehung gesetzt werden können, ist die Verwendung des Betriebsergebnisses als Zählergröße vorzuziehen, da Umsatzerlöse aus der Leistungserstellung eines Unternehmens in seinem eigentlichen Geschäftszweig resultieren und nicht durch betriebsfremde/außerordentliche Aktivitäten beeinflusst werden."[43]

	1.Geschäftsjahr
Eigenkapital	0
Langfristiges Fremdkapital	0
Fremdkapitalzinsen	0
Anlagevermögen	0
Jahresüberschuss	0
Umsatz	0
Bilanzsumme/ Gesamtkapital	0

		1.Geschäftsjahr
Eigenkapitalquote in %	Eigenkapital x 100 / Bilanzsumme	**#DIV/0!**
Eigenkapitalrentabilität in %	Jahresüberschuss x 100 / Eigenkapital	**#DIV/0!**
Gesamtkapitalrentabilität in %	(Jahresüberschuss + Fremdkapitalzinsen)x 100 / Bilanzsumme	**#DIV/0!**
Umsatzrentabilität	Jahresüberschuss x 100 / Umsatz	**#DIV/0!**
ROI (Return of Investment) in %	Jahresüberschuss / Bilanzsumme x 100	**#DIV/0!**
Anlagendeckungsgrad in %	(Eigenkapital + Langfristiges Fremdkapital)x 100 / Anlagevermögen	**#DIV/0!**

Abbildung 14: CD-Vorlage Rentabilitätskennzahlen

43 Vgl. http://www.wirtschaftslexikon24.net/d/umsatzrentabilitaet/umsatzrentabilitaet.htm, abgerufen am 30.06.09.

Der ROI wird als Kennzahl herangezogen, um die Rendite des eingesetzten Kapitals wiederzugeben. Er wird folgendermaßen errechnet:

$$\frac{\text{Jahresüberschuss}}{\text{Umsatz}} \times \frac{\text{Umsatz}}{\text{Bilanzsumme}} = \frac{\text{Jahresüberschuss}}{\text{Bilanzsumme}}$$

Dabei ist jedoch zu beachten, dass der ROI keine Schlussfolgerung auf einzelne Investitionen zulässt, sondern nur einen Überblick über die Rentabilität des gesamten eingesetzten Kapitals angibt.

Deckungsgrad II

Der Anlagedeckungsgrad, oft auch als „Deckungsgrad II" bezeichnet, gibt Auskunft darüber, inwieweit das Anlagevermögen durch das langfristige Kapital gedeckt ist. Dieser Wert sollte in der Regel über 100 % liegen. Denn je mehr langfristiges Kapital vorhanden ist, desto höher fällt die finanzielle Stabilität aus.

$$\left(\frac{150}{100} - 1\right) \times 100 = \text{Marge in \%}$$

2.7.1 Umsatz-, Kosten- und Ertragsplanung

Höhere Risikoerwartung

In der Regel stellt neben einer Neugründung eines Unternehmens auch das Betreten neuer Märkte den Gründer vor eine große Herausforderung. Aus diesem Grund müssen die Gründer bzw. Verfasser des Businessplans mit einigen Annahmen arbeiten, um eine aussagekräftige Finanzplanung erstellen zu können. Dabei stehen sie oft vor dem Problem, dass sie nicht auf eine Historie zurückgreifen können. Diese Unsicherheit bei einer Vielzahl von Variablen ist der Grund, warum für junge und neu gegründete Unternehmen signifikant höhere Risikoerwartungen bestehen als bei etablierten Unternehmen.

Abbildung 15 liefert zunächst einen Überblick darüber, wie die Finanzierung eines Unternehmens in verschiedene Phasen eingeteilt werden kann.

Die erste und wohl wichtigste Variable, die es hierbei zu schätzen bzw. zu kalkulieren gilt, ist der Umsatz. Allerdings ist diese Komponente gleichzeitig wohl am schwierigsten zu prognostizieren.

Umsatzerhebung

Meist basiert die Umsatzerhebung auf vorab durchgeführten Recherchen und Erhebungen (wie etwa Kundenbefragung, Standortanalyse, Konkurrenzanalyse, Branchenkennzahlen). Der Planungshorizont liegt je nach Branche und Geschäftsmodell meist im Bereich zwischen drei und fünf Jahren. Dabei entspricht der Umsatzwert dem Verkaufspreis mal der Anzahl verkaufter Produkte bzw. Dienstleistungen (ohne Umsatzsteuer).

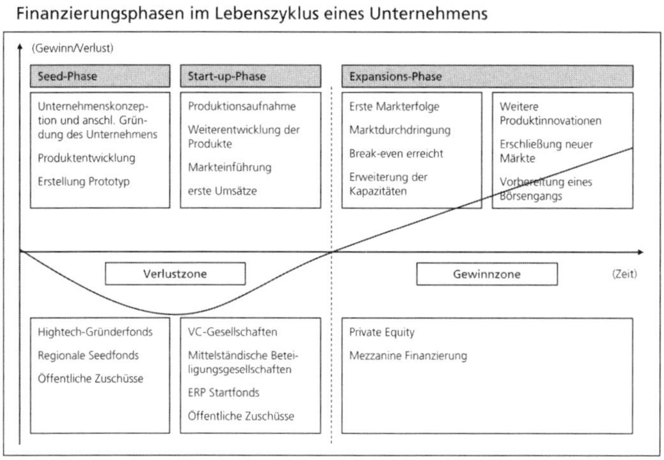

Abbildung 15: Finanzierungsphasen eines Unternehmens

Schätz- und Durchschnittswerte

Auch wenn der Gründer über umfangreiche Plandaten verfügt, darf nicht vergessen werden, dass es sich bei diesen Daten oftmals nur um Schätz- oder Durchschnittswerte handelt. Eventuell empfiehlt es sich, im Freundes- und Bekanntenkreis zu erfragen, was diese Personen für das angebotene Produkt bzw. die angebotene Dienstleistung bezahlen würden. Die dadurch prognostizierten Umsätze und Verkaufszahlen können Sie unter der Rubrik „Umsatzvorschau" in das beigefügte Excel-Tool eintragen. Wie Abbildung 16 zeigt, haben Sie die Möglichkeit, zwischen angebotenen Dienstleistungen und Produkten zu unterscheiden. Sie können auch unterschiedliche Produkte bzw. Dienstleistungen separat durchkalkulieren. Da ein neu gegründetes Unternehmen in der Regel nur eine kleine Produktpalette besitzt, sollte die Formatvorlage mit acht Produktvarianten in den meisten Fällen ausreichen. Tritt dennoch ein Mehrbedarf auf, ist es Ihnen jederzeit leicht möglich, die Vorlage zu erweitern.

Excel-Tool

Wurden die Produktpreise und die geplanten Verkaufszahlen eingegeben, errechnet das Programm automatisch unter Berücksichtigung der über der Tabelle angegebenen Umsatzverteilung auf die Quartale die Quartalsumsätze für den gesamten Planungszeitraum. Hierbei können Sie nicht nur bei Ihrer Planung Änderungen an den Verkaufszahlen oder den Produktpreisen vornehmen, sondern auch unterschiedliche Steigerungsraten für die einzelnen Quartale bzw. Jahre festlegen. Diese sind in Abbildung 16 exemplarisch mit 10, 20, 30, und 40 % festgelegt.

Neben der Quartalsplanung befindet sich in der Rubrik „Umsatzvorschau" ein Eingabefeld für die Marge. Sie finden es rechts neben der Umsatzplanung; es wird in Abbildung 17 dargestellt.

			10	20	30	40	
Produkte oder	Umsatz p. a. oder		Umsatz 1. Geschäftsjahr				
Dienstleistungen	Ø Preis pro Einheit	Anzahl	1. Quartal	2. Quartal	3. Quartal	4. Quartal	Gesamt
Musterprodukt A							
Musterprodukt B							
Musterdienstleistung A							
Musterdienstleistung B							
Summe							0

Abbildung 16: CD-Vorlage „Umsatzvorschau"

Dieses Feld muss nur bei Produkten und nicht bei Dienstleistungen ausgefüllt werden. Die Marge beschreibt die Spanne zwischen Einkaufs- und Verkaufspreis des Händlers. Bei einem Einkaufspreis von 100 € und einem Verkaufspreis von 150 € beträgt die Marge 50 %.

$$\frac{\text{langfristiges Kapital}}{\text{Anlagevermögen}} = \text{Deckungsgrad II}$$

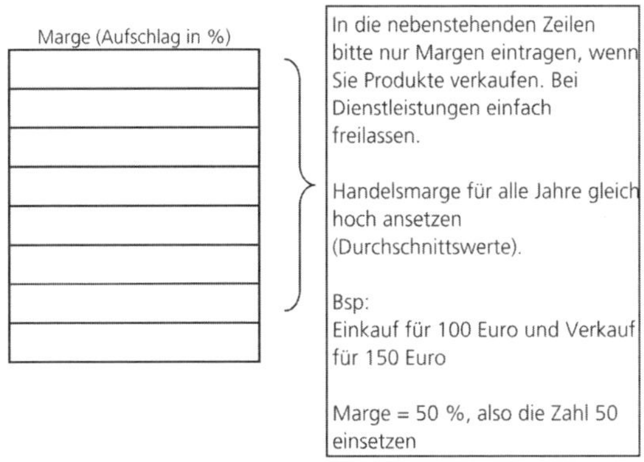

Abbildung 17: CD-Vorlage „Umsatzvorschau Marge"

Ein weiterer wichtiger Aspekt für den Erfolg eines Unternehmens ist die Höhe der insgesamt anfallenden Kosten. Dabei sind auch die Personalkosten zu berücksichtigen. Gleichzeitig ist zu beachten, dass es nicht ausreicht, lediglich kostendeckend zu arbeiten, solange in den geplanten Kosten nicht auch eine Unternehmerentlohnung (sog. → kalkulatorischer Unternehmerlohn) berücksichtigt ist.

Kalkulatorischer Unternehmerlohn

Da ein Unternehmer kein Gehalt beziehen kann, wurde für die Kostenrechnung der Begriff „kalkulatorischer Unternehmerlohn" eingeführt.

Dieser ist, inklusive aller Gehaltsnebenkosten, mit dem Gehalt eines in einer Personengesellschaft eingesetzten Geschäftsführers gleichzusetzen.

Dadurch wurde die Möglichkeit geschaffen, Geschäftszahlen unterschiedlicher Unternehmensformen zu vergleichen.

Excel-Tool

Abbildung 18 zeigt die Kostenplanung für das erste Geschäftsjahr. Auch bei dieser Abbildung handelt es sich um einen Screenshot des beigefügten Excel-Tools.

Besonders vorteilhaft ist hier die Verknüpfung zwischen den einzelnen Excel-Elementen. Wird beispielsweise unter der Rubrik „Umsatzvorschau" eine Marge eingetragen, so errechnet das Excel-Tool automatisch unter Berücksichtigung der angegebenen Umsatzzahlen die dafür notwendigen Investitionen. Diese können dann wiederum unter der Rubrik „Kostenvorschau" abgerufen werden. Analog werden neben den Zinsen auch die Tilgungsraten und die Gründungskosten errechnet und in die Kostenvorschau übertragen. Dafür müssen Sie unter der Rubrik Eigen- und Fremdmittel Angaben zu geplanten oder bereits bezogenen Krediten machen.

Betrieblicher Aufwand	1. Geschäftsjahr				
	1. Quartal	2. Quartal	3. Quartal	4. Quartal	Gesamt
Miete/Pacht incl. Nebenkosten	0	0	0	0	0
Laufende Fahrzeugkosten	0	0	0	0	0
Werbekosten	0	0	0	0	0
Reisekosten und Spesen	0	0	0	0	0
Kommunikationskosten	0	0	0	0	0
Versicherungen/Beiträge/Gebühren	0	0	0	0	0
Beratungskosten/Buchhaltung	0	0	0	0	0
Reparaturen und Wartung	0	0	0	0	0
Leasing/Lizenzgebühren	0	0	0	0	0
Gründungskosten/Fortbildungen	0	0	0	0	0
Zinsen	0	0	0	0	0
Tilgung	0	0	0	0	0
Investitionen	0	0	0	0	0
Personalkosten	0	0	0	0	0
sonstiger Aufwand	0	0	0	0	0
Summe Aufwand	0	0	0	0	0

Abbildung 18: CD-Vorlage „Kostenvorschau"

Kredit-
rechner

Wie Abbildung 19 zeigt, müssen Sie dabei Kreditbetrag, Auszahlungssatz, Laufzeit, tilgungsfreie Zeit sowie den Nominalzinssatz bestimmen. Zusätzlich können Sie den Namen des Kreditprogramms eingeben, um bei mehreren Krediten den Überblick zu behalten. Der Auszahlungsbetrag wird wiederum automatisch durch den Kreditbetrag und den Auszahlungssatz bestimmt.

Wird beispielsweise mit der Hausbank ein Kreditbetrag in Höhe von 10.000 € mit einem Auszahlungssatz in Höhe von 98 % vereinbart, so erhalten Sie 9.800 € zur freien Verfügung. Des Weiteren können Sie die in der Kostenvorschau angegeben Zins- und Tilgungszahlungen unter der Rubrik Eigen- und Fremdmittel in Form eines Tilgungsplans einsehen. Im Excel-Tool werden sowohl die Tilgungsraten als auch die Zinszahlungen quartalsweise aufgeführt.

Fremdmittel (zinsgebunden)

Kreditprogramm		
Kreditbetrag	0,00	EUR
Auszahlungssatz	100,00	%
Auszahlungsbetrag	0,00	EUR
Laufzeit	3,00	Jahre (3 bis 10 Jahre)
Tilgungsfreie Zeit	0,00	Jahre (0 bis 3 Jahre)
Nominalzinssatz	0,00	%

Abbildung 19: CD-Vorlage Eigen- und Fremdmittel

	Quartal	Tilgung	Zinsen	Rate	Restschuld
1. Jahr	1.	0,00	0,00	0,00	0,00
	2.	0,00	0,00	0,00	0,00
	3.	0,00	0,00	0,00	0,00
	4.	0,00	0,00	0,00	0,00
2. Jahr	5.	0,00	0,00	0,00	0,00
	6.	0,00	0,00	0,00	0,00
	7.	0,00	0,00	0,00	0,00
	8.	0,00	0,00	0,00	0,00
3. Jahr	9.	0,00	0,00	0,00	0,00
	10.	0,00	0,00	0,00	0,00
	11.	0,00	0,00	0,00	0,00
	12.	0,00	0,00	0,00	0,00
4. Jahr	13.	0,00	0,00	0,00	0,00
	14.	0,00	0,00	0,00	0,00
	15.	0,00	0,00	0,00	0,00
	16.	0,00	0,00	0,00	0,00
5. Jahr	17.	0,00	0,00	0,00	0,00
	18.	0,00	0,00	0,00	0,00
	19.	0,00	0,00	0,00	0,00
	20.	0,00	0,00	0,00	0,00
6. Jahr	21.	0,00	0,00	0,00	0,00
	22.	0,00	0,00	0,00	0,00
	23.	0,00	0,00	0,00	0,00
	24.	0,00	0,00	0,00	0,00
7. Jahr	25.	0,00	0,00	0,00	0,00
	26.	0,00	0,00	0,00	0,00
	27.	0,00	0,00	0,00	0,00
	28.	0,00	0,00	0,00	0,00
8. Jahr	29.	0,00	0,00	0,00	0,00
	30.	0,00	0,00	0,00	0,00
	31.	0,00	0,00	0,00	0,00
	32.	0,00	0,00	0,00	0,00
9. Jahr	33.	0,00	0,00	0,00	0,00
	34.	0,00	0,00	0,00	0,00
	35.	0,00	0,00	0,00	0,00
	36.	0,00	0,00	0,00	0,00
10. Jahr	37.	0,00	0,00	0,00	0,00
	38.	0,00	0,00	0,00	0,00
	39.	0,00	0,00	0,00	0,00
	40.	0,00	0,00	0,00	0,00
	Gesamtsumme	**0,00**	**0,00**	**0,00**	**0,00**

Abbildung 20: CD-Vorlage „Eigen- und Fremdmittel"

Restschuld

Zusätzlich können Sie die Restschuld der einzelnen Quartale einsehen. Letztendlich bietet sich Ihnen am Ende des Tilgungplans die Möglichkeit, die kumulierten Tilgungsbeträge abzurufen. Das Excel-Tool ist dabei auf zehn Jahre ausgerichtet, kann jedoch durch einfache Änderungen auf einen beliebigen Zeitraum ausgeweitet werden. Dabei ist allerdings zu beachten, dass auch in den verlinkten Rubriken wie z. B. „Kostenvorschau" entsprechende Änderungen vorgenommen werden müssen.

Alle anderen anfallenden Kosten in der Rubrik „Kostenvorschau" müssen Sie jedoch manuell eintragen. Auch hier sind die auszufüllenden Felder wieder durch einen gelben Hintergrund gekennzeichnet und müssen manuell ergänzt werden.

2.7.2 Liquiditätsplanung – Cash is King

Liquidität drückt die Fähigkeit aus, jederzeit seinen Zahlungsverpflichtungen nachzukommen.[44]

Liquiditätsrechnung

Die Liquiditätsplanung soll dem Leser eines Businessplans zeigen, ob in den nächsten Monaten und Jahren (z. B. in der ersten Zeit nach der Gründung eines Unternehmens) ausreichend Geld vorhanden ist, alle Zahlungsverpflichtungen adäquat zu erfüllen.

Die Liquiditätsrechnung stellt den letzten Teil der Finanzplanung dar. Hierfür sind der Umsatz- und der Kostenplan die wesentlichen Ausgangspositionen. Inhaltlich entspricht der Liquiditätsplan dem Rentabilitätsplan.

Grundsätzlich sollten im Liquiditätsplan alle Beträge einschließlich Mehrwertsteuer berücksichtigt werden. Ohne Berücksichtigung der Umsatz- bzw. Mehrwertsteuer können sich signifikante Liquidationsverschiebungen ergeben, was bei einer zu knappen Finanzierung schnell Liquiditätsengpässe hervorrufen kann. Beachten Sie, dass die bei Investitionen anfallende Umsatzsteuer zumindest für einen gewissen Zeitraum zwischenfinanziert werden muss. Außerdem können im Rahmen von öffentlichen Förderdarlehen oft nur die Nettoinvestitionen finanziert werden.

Eingänge vorsichtig schätzen

Achten Sie hierbei insbesondere darauf, die Zahlungseingänge eher vorsichtig einzuschätzen. Dies gilt im Besonderen für die Eingänge aus Ihrer Umsatztätigkeit. Auch die Zahlungsmoral der Kunden ist zu berücksichtigen. Hierbei ist es wichtig, lückenlos alle Ein- und Auszahlungen zu erfassen. Wenn Investoren oder Banken feststellen, dass einige Beträge vergessen oder nicht berücksichtigt wurden, könnten sie schnell die gesamte Finanzplanung infrage stellen. Einen solch signifikanten Vertrauensschaden gilt es zu verhindern.

Excel-Tool

Auch hier bietet das beigelegte Excel-Tool eine Grundlage für eine umfassende Liquiditätsplanung. Sie müssen im Rahmen der Liquiditätsplanung nur noch sonstige Zuflüsse bzw. sonstige Ausgaben sowie Ihre privaten Entnahmen angeben. Alle anderen relevanten Daten bezieht das Programm aus den bereits angegebenen prognostizierten Zahlen und

---

[44] Vgl. http://www.gruenderleitfaden.de/controlling/bwl-planung/teilplaene/liquiditaetsplanung; abgerufen am 02.01.08.

	1. Quartal	2. Quartal	3. Quartal	4. Quartal	1. Quartal	2. Quartal	3. Quartal	4. Quartal	1. Quartal	2. Quartal	3. Quartal	4. Quartal
Saldo des Vorquartals	0	0	0	0	0	0	0	0	0	0	0	0
1. Zuflüsse/Einnahmen												
1.1 Umsatz	0	0	0	0	0	0	0	0	0	0	0	0
1.2 Eigenmittel	0				0				0			
1.3 Fremdmittel	0											
1.4 Sonstige Zuflüsse												
Summe Liquiditätszugang	**0**	**0**	**0**	**0**	**0**	**0**	**0**	**0**	**0**	**0**	**0**	**0**
2. Auszahlungen												
2.1 Investitionen	0	0	0	0	0	0	0	0	0	0	0	0
2.2 Personalkosten	0	0	0	0	0	0	0	0	0	0	0	0
2.3 Material- & Wareneinkauf	0	0	0	0	0	0	0	0	0	0	0	0
2.4 Betriebl. Ausgaben	0	0	0	0	0	0	0	0	0	0	0	0
2.5 Zinsen	0	0	0	0	0	0	0	0	0	0	0	0
2.6 Tilgung	0	0	0	0	0	0	0	0	0	0	0	0
2.7 Privatentnahmen	0	0	0	0	0	0	0	0	0	0	0	0
2.8 Sonstige Auszahlungen	0	0	0	0	0	0	0	0	0	0	0	0
Summe Liquiditätsabgang	**0**	**0**	**0**	**0**	**0**	**0**	**0**	**0**	**0**	**0**	**0**	**0**
3. Liquiditätssaldo pro Quartal												
4. Liquiditätssaldo kummuliert												

Abbildung 21: CD-Vorlage „Liquiditätsplanung"

vervollständigt somit die Liquiditätsplanung automatisch. In der Zeile „Umsatz" werden die Angaben aus der Rubrik „Umsatzvorschau" bezogen und automatisch mit den Investitionen verrechnet. Eigen- und

Fremdkapital werden aus der Rubrik „Eigen- und Fremdmittel" übernommen und in die jeweiligen Zeilen „Eigenmittel" und „Fremdmittel" für die entsprechenden Quartale eingetragen. Unter Punkt 2 „Ausgaben" werden neben Investitionen aus der Rubrik Investitionen auch Personalkosten aus der Rubrik „Kostenvorschau" mit eingerechnet. Auch der Material- und Wareneinkauf fließt sowohl über die Rubrik „Umsatzvorschau" als auch über die Rubrik „Investitionen" in den Liquiditätsplan ein.

Die betrieblichen Ausgaben errechnet das Excel-Tool durch das Subtrahieren der Posten Investitionen, Personalkosten, Material- & Wareneinkauf, Zinsen sowie Tilgung aus der Rubrik „Liquiditätsplanung" von der Summe der Aufwendungen aus der Rubrik „Kostenvorschau". Zinsen und Tilgung werden wiederum aus der Rubrik „Eigen- und Fremdmittel" in die Liquiditätsplanung übernommen. Durch die automatische Verknüpfung der Excel-Sheets kann ausgeschlossen werden, dass Sie einzelne Elemente der Liquiditätsplanung vergessen oder falsch übertragen.

Durch dieses Vorgehen ist eine lückenlose Liquiditätsplanung gewährleistet. Dennoch ist zu beachten, dass durch das vorliegende Excel-Tool nicht alle Eventualitäten abgedeckt werden können. Sonderfälle können jedoch auf Basis dieser Planung relativ einfach ergänzt und erweitert werden. Voraussetzung ist natürlich, dass Sie über entsprechende Excel-Kenntnisse verfügen.

2.7.3 Weitere Optionen der Finanzplanung

Neben den bereits genannten Rubriken bietet das diesem Buch beigefügte Excel-Tool weitere nützliche Features an. Zum einen erstellt das Programm unter der Rubrik „GuV" eine Gewinn- und Verlustrechnung.

Die GuV-Übersicht aus dem Excel-Tool ist in Abbildung 22 dargestellt; sie bezieht fast alle relevanten Daten aus den bereits ausgefüllten Rubriken „Umsatzvorschau", „Kostenvorschau" und „Investitionen". Einzig öffentliche Zuschüsse sowie sonstige → neutrale Erträge und → neutrale Aufwendungen müssen Sie noch ergänzen.

Neutrale Erträge

- Der neutrale Ertrag gehört zu den Grundbegriffen des Rechnungswesens.
- Hierbei findet eine Abgrenzung zwischen neutralem Ertrag und betrieblichem bzw. Zweckertrag statt.
- Das bedeutet, dass ein neutraler Ertrag nicht durch den ordentlichen betrieblichen Leistungsprozess entsteht
- Ein neutraler Ertrag besitzt somit keinen Leistungscharakter.
- Beispiele für einen neutralen Ertrag sind neben der Veräußerung einer Maschine auch eine Steuerrückzahlung oder ein Ertrag aus Finanzanlagen.

	1. Geschäftsjahr		2. Geschäftsjahr		3. Geschäftsjahr	
	Euro	%	Euro	%	Euro	%
Umsatzerlöse (brutto)	0		0		0	
- Umsatzsteuer	0		0		0	
Umsatzerlöse (netto)	0		0		0	
Sonstige betriebl. Erträge	0		0		0	
Betriebsertrag		100,0	0	100,0	0	100,0
- Wareneinkauf/Materialaufwand	0	#DIV/0!	0	#DIV/0!	0	#DIV/0!
- Personalaufwand	0	#DIV/0!	0	#DIV/0!	0	#DIV/0!
- Normalabschreibung (AfA)	0	#DIV/0!	0	#DIV/0!	0	#DIV/0!
- Zinsaufwand	0	#DIV/0!	0	#DIV/0!	0	#DIV/0!
- Sonstiger betriebl. Aufwand	0	#DIV/0!	0	#DIV/0!	0	#DIV/0!
Betriebsaufwand						
Betriebsergebnis						
Öffentliche Zuschüsse/Zulagen	0		0		0	
Sonstige neutrale Erträge	0		0		0	
. - Neutrale Aufwendungen	0		0		0	
Ausgewiesenes Ergebnis	0	#DIV/0!	0	#DIV/0!	0	#DIV/0!

Abbildung 22: CD-Vorlage „GuV"

Neutrale Aufwendungen

- Neutrale Aufwendungen setzen sich aus betriebsfremden Aufwendungen, außerordentlichen Aufwendungen, sonstigen neutralen Aufwendungen und periodenfremden Aufwendungen zusammen.
- Bei den betriebsfremden Aufwendungen handelt es sich genau wie bei den betriebsfremden Erträgen um Aufwendungen, die nicht durch den ordnungsgemäßen Leistungsprozess entstehen.
- Unter „außerordentlichen Aufwendungen" versteht man beispielsweise einen Forderungsausfall. Diese Aufwendungen sind zwar betrieblich bedingt, fallen jedoch sowohl unterschiedlich hoch als auch in unregelmäßigen Abständen an.
- Der periodenfremde Aufwand fällt, wie der Name schon sagt, in einer fremden Periode an. Ein Beispiel hierfür wären Mietvorauszahlungen.
- Als „sonstige neutrale Aufwendungen" zählen alle Aufwendungen, die in der Kostenrechnung anders behandelt werden, z. B. Abschreibungen.

Investitionsrubrik

Als weitere Option bei der Businessplanerstellung bietet das Tool eine Investitionsrubrik. In dieser Rubrik können Sie lang- und kurzfristige Investitionen eintragen. Unter einer „Investition" wird das Binden finanzieller Mittel in Finanz-, Sach- oder immaterielles Vermögen verstanden. Dabei steht in der Regel das Erzielen von Einnahmen durch die Investition im Vordergrund. Neben den bereits erwähnten Verknüpfungen zu anderen Rubriken, wie beispielsweise die Verknüpfung mit der Rubrik „GuV", wird, wie in Abbildung 23 gezeigt, auf Basis der angegebenen Investitionen gleichzeitig eine Übersicht über die dadurch entstehenden Abschreibungen erstellt.

Abschreibung

Die resultierenden Abschreibungen können der Rubrik „Abschreibungen" entnommen werden. Unter einer „Abschreibung" wird dabei der Betrag verstanden, der den Leistungsverlust bzw. die Wertminderung eines Wirtschaftsguts beschreibt. Dabei entstehen der Leistungsverlust bzw. die Wertminderung durch Benutzung, Alterung oder Verbrauch. Es gibt eine Vielzahl unterschiedlicher Abschreibungsmethoden.

Lineare Abschreibung

Die wohl bekannteste ist die lineare Abschreibung. Bei der linearen Abschreibung wird die voraussichtliche Nutzungsdauer des Wirtschaftsguts ermittelt. Anschließend wird durch die Division des Kaufpreises durch die voraussichtliche Nutzungsdauer die jährliche Abschreibungsrate bestimmt. Die dadurch bestimmten Abschreibungsraten weisen somit immer dieselbe Höhe auf.

Zum Beispiel kauft ein Unternehmer eine Maschine im Wert von 100 €. Aus Erfahrungswerten weiß der Unternehmer, dass er spätestens in 10 Jahren die Maschine ersetzen muss. Daraus folgt, dass er die Maschine über zehn Jahre abschreibt und sich eine jährliche Abschreibungsrate in Höhe von 100 €/10 Jahre = 10 € ergibt.

	1. Geschäftsjahr	2. Geschäftsjahr	3. Geschäftsjahr
Langfristige Investitionen			
Gebäude/Grundstück	0	0	0
Renovierungen/Umbauten	0	0	0
Computer und Software	0	0	0
Werkzeuge und Geräte	0	0	0
Büro- und Geschäftsausstattung (BGA)	0	0	0
Fahrzeuge	0	0	0
GWG (Kosten < 150 EUR)	0	0	0
Pool (Kosten ≥ 150 EUR & < 1.000 EUR)	0	0	0
Summe	**0**	**0**	**0**
Kurzfristige Investitionen			
Warenersteinkauf/Materiallager	0		
Einkauf	0	0	0
Gesamtsumme Investitionen	***0***	***0***	***0***

Abbildung 23: CD-Vorlage „Investitionen"

Geometrisch-degressive Abschreibung

Die Finanzverwaltung stellt in ihren Tabellen typische Nutzungsdauern für alle gebräuchlichen Wirtschaftsgüter bereit. Von diesen kann zwar in begründeten Einzelfällen abgewichen werden, in der Regel sollten die Nutzungsdauern jedoch übernommen werden. Eine weitere Möglichkeit, den Wertverlust von Vermögensgegenständen bilanziell festzuhalten, ist die sog. geometrisch-degressive Abschreibung. Bei dieser Methode wird jedes Jahr der gleiche Prozentsatz des nach Abschreibung des Vorjahres verbleibenden Restwerts abgeschrieben. Angenommen, ein Unternehmer kauft eine Maschine zu einem Preis von 100 € und beginnt diese geometrisch-degressiv mit einem Abschreibungssatz in Höhe von 20 % abzuschreiben. In diesem Fall ergibt sich im ersten Jahr eine Abschreibungsrate in Höhe von 20 € (20 % von 100 €). Im zweiten Jahr hingegen beträgt der Abschreibungssatz nur noch 16 € (20 % von 80 €) und im dritten Jahr sogar nur noch 12,80 € (20 % von 64 €). Dadurch ist es dem Unternehmer möglich, einen anfänglichen höheren Wertverlust von Vermögensgegenständen besser zu berücksichtigen.

Zu berücksichtigen ist jedoch, dass, sobald der geometrisch-degressive Abschreibungsbetrag geringer ist als der lineare Abschreibungsbetrag, zur linearen Abschreibung gewechselt werden kann. In diesem Beispiel würde dies nach vier Jahren eintreten.

Außerplanmäßige Abschreibung

Zusätzlich können unter bestimmten Umständen auch außerplanmäßige Ab- und Zuschreibungen auftreten. Dies geschieht immer dann, wenn eine unerwartete Wertsteigerung oder Wertminderung des Wirtschaftsguts eintritt.

Geht man beispielsweise davon aus, dass eine Maschine, die 100 € gekostet hat, zehn Jahre genutzt werden kann, und schreibt diese linear ab, so errechnet sich im fünften Jahr ein Restbuchwert von 50 €. Nun stellt sich jedoch heraus, dass die Maschine anstelle der vorgesehenen zehn Jahre nur noch ein weiteres Jahr genutzt werden kann. Um den tatsächlichen Wert korrekt darstellen zu können, muss der Unternehmer eine außerplanmäßige Abschreibung vornehmen.

Excel-Tool

Im Excel-Tool wird eine lineare Abschreibungsmethode bereitgestellt. Das Programm übernimmt die von Ihnen eingegebenen Angaben bezüglich der Investitionen und teilt diese durch die vorgegebene Nutzungsdauer. Sie können somit, ohne selbst zum Taschenrechner greifen zu müssen, sofort sowohl die Abschreibungsraten für die einzelnen Wirtschaftsgüter und Jahre als auch die kumulierten Abschreibungen ablesen. Nur bei geringwertigen Wirtschaftsgütern, also Wirtschaftsgütern mit einem Wert von unter 150 €, und Wirtschaftsgütern, deren Wert zwischen 150 € und 1.000 € liegt, gibt es eine fest vorgeschriebene Abschreibungsdauer. Bei geringwertigen Wirtschaftsgütern beträgt diese ein Jahr und bei Wirtschaftsgütern, deren Wert zwischen 150 € und 1.000 € liegt, fünf Jahre. Dabei ist jedoch zu beachten, dass Wirtschaftsgüter, deren Wert zwischen 150 € und 1.000 € liegt, nicht einzeln, sondern im Pool abgeschrieben werden müssen.

	Nutzungsdauer			
Langfristige Investitionen				
Gebäude/Grundstück				
Renovierungen/Umbauten				
Computer und Software				
Werkzeuge und Geräte				
Büro- und Geschäftsausstattung (BGA)				
Fahrzeuge				
GWG (Kosten < 150 EUR)	1			
Pool (Kosten ≥ 150 EUR & < 1.000 EUR)	5			
Summe				
Kurzfristige Investitionen				
Warenersteinkauf/Materiallager				
Einkauf				
Gesamtsumme Abschreibungen				

Abbildung 24: CD-Vorlage „Abschreibungen"

Seit dem 01.01.2011 kann auch wieder die alte Regelung für geringwertige Wirtschaftsgüter angewendet werden, bei der die Wirtschaftsgüter bis 410 € direkt und alle über 410 € normal abgeschrieben werden.

2.7.4 Kapitalstruktur: Welche Art von Kapital wird bei der Finanzierung in welchen Anteilen eingesetzt?

Nach der Ermittlung des Kapitalbedarfs, den das Unternehmen aktuell und in Zukunft hat, beschäftigt sich der Punkt 2.7.4 mit den Kapitalarten. Bei der Finanzierung einer Unternehmung haben Sie als Gründer die unterschiedlichsten Arten von Kapital zur Auswahl. Abbildung 25 gibt Ihnen diesbezüglich einen umfassenden Überblick.

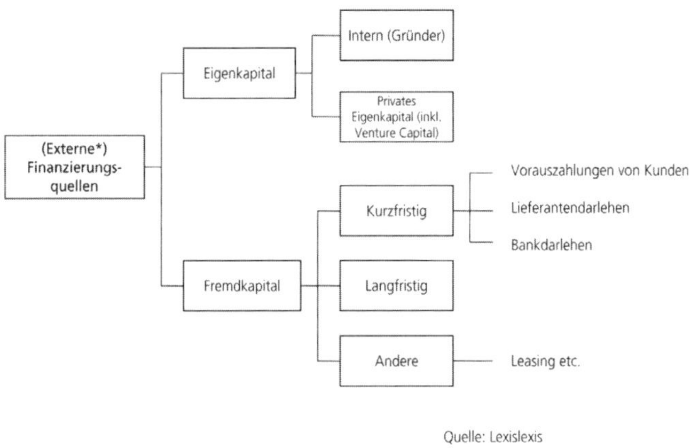

Abbildung 25: Übersicht über mögliche Finanzierungsquellen

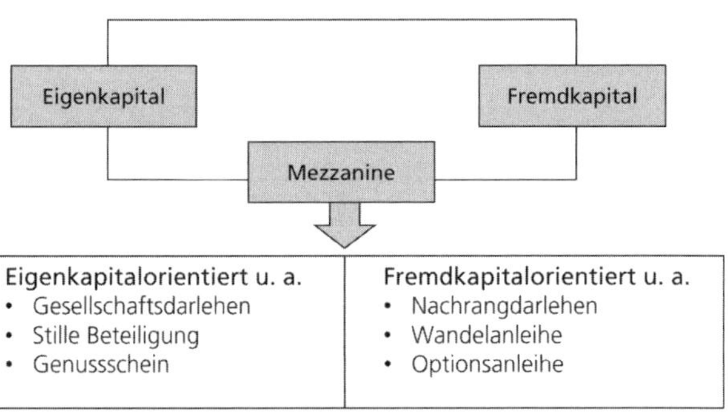

Abbildung 26: Einordnung von Eigen-, Mezzanine- und Fremdkapital

Kapitalarten

Grundlegend wird bei der Finanzierung zwischen Eigen- und Fremdkapital unterschieden. Zusätzlich trifft man in der Praxis auf eine Mischform der Eigen- und Fremdfinanzierung. Diese Finanzierungsform weist sowohl Eigen- als auch Fremdkapitalmerkmale auf und wird als „Mezzanine-Kapital" bezeichnet. Die drei Kapitalarten werden im Folgenden nur kurz dargestellt, um eine Abgrenzung in der Praxis aufzuzeigen. Eine exaktere Betrachtung ist in diesem Zusammenhang nicht notwendig und zielführend. Abbildung 26 liefert eine Übersicht über die Einordnung der unterschiedlichen Kapitalarten.

Eigenkapital

„Das Eigenkapital eines Unternehmens ist von dessen Fremdkapital zu unterscheiden (vgl. § 266 Abs. 3 HGB). Eigenkapital sind dem Unternehmen zufließende Mittel, die als Leistungen der Gesellschafter zu betrachten sind (also auch der Gewinn, und zwar unabhängig davon, ob er ausgeschüttet wird oder nicht). Das Eigenkapital ist letztlich der Anteil der Eigentümer am Gesellschaftsvermögen, das den Gläubigern der Gesellschaft haftet. Liegt kein Eigenkapital vor, handelt es sich um Fremdkapital, wobei auch ein Unternehmensgesellschafter als Fremdkapitalgläubiger auftreten kann."[45]

Eigenkapital steigt in Firmen mit Gewinn an und nimmt bei Verlusten ab. Ebenso erhöhen bzw. vermindern Einlagen und Entnahmen durch die Gesellschafter des Unternehmens das Eigenkapital.[46] Bei Eigenkapital handelt es sich um Haftungskapital, d. h. Kapital, das bei einer eventuellen Insolvenz erst am Schluss bedient und ausgeschüttet wird, also erst, wenn andere Gläubiger bzw. andere Kapitalgeber bedient sind. Entsprechend diesem Sachverhalt nehmen die Stabilität und Kontinuität einer Finanzierung mit einem steigenden Eigenkapitalanteil zu. Jungunternehmen sollten aus diesem Grund bei entsprechendem Risiko mit bis zu 100 % Eigenkapital finanziert sein.[47] Das Interesse der Gesellschafter bzw. Aktionäre liegt meist im Erzielen einer möglichst hohen Rendite des eingesetzten Eigenkapitals.[48]

Fremdkapital

„Das Fremdkapital stellt einen Teil der Bilanz eines Unternehmens dar und wird auf der Seite der Passiva aufgeführt. Es handelt sich also um einen Teil der Mittel, mit denen das Unternehmensvermögen finanziert wurde. Das Fremdkapital wird nicht vom Unternehmen oder dessen Inhabern zur Verfügung gestellt. Dazu zählen unter anderem Darlehen von

Passiva

---

45 http://de.wikipedia.org/wiki/Eigenkapital; abgerufen am 03.01.08.

46 Vgl. Zöllner, Wolfgang: Was Führungskräfte von Finanzierung wissen müssen; Wilhelm Heyne Verlag, München 1976, S. 18.

47 Vgl. Wipfli, Cyrill: Unternehmensbewertung im Venture Capital-Geschäft. Herleitung von Einflussfaktoren und deren empirische Überprüfung in der Praxis; Verlag Paul Haupt, Bern/Stuttgart/Wien 2001, S. 199.

48 Vgl. Rehkugler; Schindel: Finanzierung; Verlag V. Florentz, 3. Auflage, München 1986, S. 129 f.

Banken und Obligationen, die mit weiteren Finanztiteln unter dem Oberbegriff Verbindlichkeiten zusammengefasst werden."[49]

Meist wird für Fremdkapital ein fester Zins bestimmt. Aus diesem Zusammenhang resultiert ein Schuld- und kein Beteiligungsverhältnis.

Mezzanine-Kapital

Mischform zw. Eigen- und Fremdkapital

Eine Mischform aus Eigen- und Fremdkapital stellt das sog. Mezzanine-Kapital dar. Unter Mezzanine-Kapital fallen insbesondere → stille Beteiligungen (typisch und atypisch), → Genussscheine/-rechte, → Wandel-/Optionsanleihen sowie → Nachrangdarlehen. Auch in Deutschland gewinnen diese alternativen Finanzierungsformen zunehmend an Bedeutung.

Stille Beteiligungen

- Bei der stillen Beteiligung wird der Gesellschaft Eigenkapital zugeführt, ohne dabei Anspruch auf unternehmerische Mitbestimmung zu erlangen.
- Bei der stillen Beteiligung wird zwischen typisch und atypisch unterschieden.
- Im Gegensatz zur atypischen stillen Beteiligung profitiert der Kapitalgeber bei der typischen stillen Beteiligung nicht von stillen Reserven.

Genussscheine/-rechte

- Bei einem Genussschein handelt es sich um ein verbrieftes Recht, das je nach Ausgestaltung Züge einer Aktie oder Anleihe aufweist.
- In der Regel werden Genussscheine im Fall einer Insolvenz erst dann bedient, wenn alle Forderungen der Gläubiger befriedigt wurden.

Wandel- und Optionsanleihen

- Die Wandelanleihe ist ein verzinsliches Wertpapier, das es dem Inhaber erlaubt, innerhalb einer bestimmten Frist die Anleihe in Unternehmensanteile (Aktien) umzuwandeln.
- Dadurch wird anfängliches Fremdkapital bei Umwandlung zu Eigenkapital.

Nachrangdarlehen

- Nachrangdarlehen sind eine besondere Darlehensform, die keine Sicherheiten des Kreditnehmers benötigt.
- Diese Darlehensform wird im Insolvenzfall erst befriedigt, nachdem alle anderen Forderungen bedient wurden.
- Zinsen für Nachrangdarlehen sind in der Regel höher als für „normale" Darlehen.

Sowohl unter haftungsrechtlichen Gesichtspunkten als auch bei der Preisgestaltung dieser Finanzierungsform liegt Mezzanine-Kapital zwischen Eigen- und Fremdkapital, d. h. es wird im Fall einer Insolvenz erst

[49] http://de.wikipedia.org/wiki/Fremdkapital; abgerufen am 03.01.08.

nach erfolgter Kredittilgung bedient. Gleichzeitig wird dieses Risiko mit einem höheren Zins vergütet.

Vor einigen Jahren noch waren in Deutschland kleine und mittlere Unternehmen (KMU) überwiegend über Bankdarlehen und -kredite finanziert. Gerade der deutsche Finanzplatz vertraute in den vergangenen Jahren etwas zu lange auf evtl. obsolete Verfahrensweisen.[50] Fremdkapital war für einen Großteil der Firmen meist ohne größere Probleme bei der jeweiligen Hausbank zu bekommen. Mit den Entwicklungen in den vergangenen Jahren, u. a. aufgrund von Basel II, wird der Kreditgeber zunehmend die Kapitalstruktur des Unternehmens näher analysieren.

Basel II

Unter dem Begriff „Basel II" werden im allgemeinen Sprachgebrauch die Eigenkapitalvorschriften zusammengefasst, die seit dem 1. Januar 2007 in den Mitgliedsstaaten der EU für alle Kredit- und Finanzdienstleistungsinstitute angewendet werden müssen.

Die Kapitalstruktur ist das Verhältnis von Fremdkapital zu Eigenkapital und gibt somit Auskunft über die Höhe und die Art des → Verschuldungsgrades eines Unternehmens. Erkennbar ist die Kapitalstruktur auf der Passivseite der Bilanz. Oft dient auch der Verschuldungsgrad eines Unternehmens dazu, die Kapitalstruktur darzustellen.

Verschuldungsgrad

- Der Verschuldungsgrad gibt das Verhältnis von bilanziellem Fremdkapital zu Eigenkapital an.
- Dabei ist eine eindeutige Kapitalzuordnung vonnöten. Wandelanleihen beispielsweise lassen sich weder eindeutig zu Eigen- oder Fremdkapital zuordnen und müssen diesbezüglich gesondert berücksichtigt werden.
- Der Verschuldungsgrad ist mitunter ausschlaggebend für die Kreditkonditionen.

Die Kenntnis der Kapitalstruktur ist insbesondere für die Beurteilung einer Finanzierung wichtig, weil hierbei auch eine Korrelation mit → Ausfallwahrscheinlichkeiten nachweisbar ist.

Ausfallwahrscheinlichkeit

- Bei der Ausfallwahrscheinlichkeit handelt es sich um eine statistische Größe, die anzeigt, wie groß die Wahrscheinlichkeit des Kreditausfalls ist.
- Im wirtschaftlichen Zusammenhang wird damit meist die Wahrscheinlichkeit beschrieben, mit der ein vergebener Kredit vom Kreditnehmer nicht mehr zurückbezahlt werden kann.
- Die Höhe der Ausfallwahrscheinlichkeit spiegelt sich meist in den Kreditzinsen wider.

---

50 Vgl. Kerber, Markus, C.: Eigenkapitalverwandte Finanzierungsinstrumente. Zum Finanzierungspotenzial von Wandelschuldverschreibungen aus aktienrechtlicher Sicht; Schäffer-Poeschel Verlag, Stuttgart 2002.

Eine Kapitalstruktur kann als optimal angesehen werden, wenn bei gegebenem Gesamtkapital die Unternehmung nicht mehr in der Lage ist, durch Substitution von (teurem) Eigenkapital durch (billigeres) Fremdkapital die durchschnittlichen Gesamtkapitalkosten weiter zu reduzieren und damit gleichzeitig den Marktwert des gesamten Unternehmens zu steigern.

Selbst bei tatsächlich nicht vorhandenen → Kapitalkosten (z. B. aufgrund von reiner Eigenkapitalfinanzierung) sind diese kalkulatorisch zu berücksichtigen, um eine zu positive Darstellung des Geschäftserfolgs zu verhindern.

Kapitalkosten

- Leiht sich ein Unternehmer Geld oder verwendet er Eigenkapital, um eine Investition zu tätigen, entstehen ihm dabei Kosten.
- Diese Kosten werden als Kapitalkosten bezeichnet und fallen bei Fremdkapital hauptsächlich in Form von Zinsen an.
- Beim Eigenkapital hingegen handelt es sich nicht um tatsächliche Kosten, die der Unternehmer aufbringen muss, sondern um die erwartete Verteilung des Unternehmergewinns an die Eigenkapitalgeber.

In der Kapitalstruktur spiegeln sich der Aufbau und die Zusammensetzung des Kapitals einer Unternehmung, insbesondere in rechtlicher und zeitlicher Hinsicht, wider. Auf eine theoretische Betrachtung bzgl. der Optimierung der Kapitalstruktur soll an dieser Stelle verzichtet werden.[51]

Jedoch ist zu beachten, dass eine adäquate Kapitalstruktur immer unter Berücksichtigung der jeweiligen Ziele der Finanzierung zu gestalten ist. Entscheidende Ziele einer Finanzierung sind hierbei z. B. die Sicherstellung der Liquidität, Flexibilität und/oder Unabhängigkeit.[52]

Zusammenfassend kann keine generelle Aussage bzgl. der optimalen Gestaltung einer adäquaten Kapitalstruktur getroffen werden. Dies spiegelt sich meist ebenso in der Vergabepraxis der Banken für Fremdkapital wider. Eine höhere Eigenkapitalausstattung spricht tendenziell eher für ein höheres unternehmerisches Risiko.

---

51 Siehe hierzu u. a. Koch, Lambert T.; Zacharias, Christoph: Gründungsmanagement; R. Oldenbourg Verlag, München/Wien 2001, S. 171.

52 Vgl. Rehkugler; Schindel: Finanzierung; Verlag V. Florentz, 3. Auflage, München 1986, S. 124.

Ein Beispiel aus der Praxis – SEMESTERBOOKS.de

6. Finanzplanung

6.1 Umsatzkalkulationen

Nachfolgend werden unterschiedliche Beispielrechnungen für SEMESTERBOOKS.de aufgeführt. Wir haben bei dem Provisionsmodell (Neuwaren) ein optimistisches, ein realistisches und ein pessimistisches Szenario durchgespielt. Langfristig sind durch die Erweiterung des Marktplatzes weitere Monetarisierungsmodelle möglich. Dargestellt wird die mögliche Kooperation mit einem nationalen Partner (z. B. Libri.de), von dem wir eine Provision in Höhe von 30 % erhalten.

Nach einer über SEMESTERBOOKS.de gestarteten Umfrage, bei der 1.000 Studierende online befragt wurden, werden im Durchschnitt 3,8 Bücher pro Semester gekauft. Dies veranlasst uns zur Annahme, dass der Kauf von zwei Büchern (pro Studierender/-m und Semester) über SEMESTERBOOKS.de sehr realistisch ist.[32] Weiterhin nehmen wir einen Durchschnittspreis von 20 € pro Buch an. Wir gehen nach internen Kalkulationen von 67.000 Nutzern bei Ablauf des ersten Geschäftsjahres aus.

Bei der Berechnung gilt zu beachten, dass wir lediglich am Ende des Jahres die 67.000 Nutzer haben, bei unserem Start allerdings sind die Nutzer nur im vierstelligen Bereich. Deswegen sind die errechneten Ergebnisse immer auf die monatlichen Neukunden und deren prozentualen Anteil am Umsatz umgelegt.

6.1.1 Optimistisches Szenario:

Im optimistischen Szenario gehen wir davon aus, dass 45 % der bei SEMESTERBOOKS.de registrierten Nutzer pro Semester 2 Bücher im Wert von jeweils 20 € über SEMESTERBOOKS.de kaufen.

→ 343.000 € Provision im ersten Jahr.

6.1.2 Realistisches Szenario:

Im realistischen Szenario gehen wir davon aus, dass 35 % der bei

32 Positiv im vorliegenden Beispiel ist bei der Umsatzplanung hervorzuheben, dass SEMESTERBOOKS.de alle verwendeten Zahlen erläutert. Dazu wurde sogar eine eigene Umfrage durchgeführt. Dies signalisiert dem Leser eine sorgfältige Recherche des Gründungsteams bzgl. des Marktumfelds. Wenn Sie an einem eigenen Businessplan arbeiten, versuchen Sie, alle Annahmen bzgl. Kenngrößen, die Sie für Ihre Planung benötigen, zu plausibilisieren. Natürlich kann dabei nicht immer eine eigene Marktforschung durchgeführt werden. Wenn Sie stattdessen auf externe Informationen zurückgreifen, ist es jedoch wichtig, stets die Quelle anzugeben.

SEMESTERBOOKS.de registrierten Nutzer pro Semester 2 Bücher im Wert von jeweils 20 € über SEMESTERBOOKS.de kaufen. → 267.000€ Provision im ersten Jahr. **6.1.3 Pessimistisches Szenario:** Im pessimistischen Szenario gehen wir davon aus, dass 25 % der bei SEMESTERBOOKS.de registrierten Nutzer pro Semester 2 Bücher im Wert von jeweils 20 € über SEMESTERBOOKS.de kaufen. → 191.000 € Provision im ersten Jahr.[33] Die komplette Finanzplanung kann dem Anhang entnommen werden.	33 In der Regel wird bei der Umsatzplanung die Darstellung unterschiedlicher Szenarien erwartet. Dies ermöglicht potenziellen Investoren eine erste Abschätzung über verschiedene Entwicklungen der Unternehmensgründung. Wie im vorliegenden Beispiel sollten Sie nicht davor zurückschrecken, auch ein pessimistisches Szenario zu dokumentieren. So können Sie signalisieren, dass Sie bei Ihren Planungen realistisch vorgegangen sind und sich nicht ausschließlich auf optimistische Planungen verlassen haben.

2.8 Organisation und Gründer – die Köpfe hinter der Idee

Die Person ist meistens der entscheidende Schlüsselerfolgsfaktor für Venture-Capital-Geber.[53] Neu gegründete Unternehmen sind normalerweise extrem stark mit ihren Gründern verbunden. Die Kapitalgeber achten deshalb oft darauf, dass die Gründer dem Unternehmen längerfristig erhalten bleiben. In anderen Fällen kann das zu Problemen führen. Letztendlich ist jedes Start-up-Unternehmen abhängig von seinen Gründern.

2.8.1 Gründer – Personen wie du und ich?

Persönlichkeit entscheidend

Insider vertreten mehrheitlich die Anschauung, dass ein gutes Gründerteam aus einer zweitklassigen Idee ein erfolgreiches Unternehmen aufbauen kann, dies jedoch umgekehrt nicht funktioniert. Dabei spielen unterschiedliche Eigenschaften eine Rolle, die ein Gründer optimalerweise mitbringen sollte, u. a. Disziplin, Kreativität, Entscheidungskompetenz, Flexibilität, Risikobereitschaft, Führungskompetenz und ein Gefühl für die Bedürfnisse potenzieller Kunden.[54]

---

53 Vgl. May, John: Dancing with Angels and Venture Capitalists; in: Inside the Minds: Raising Capital for Entrepreneurs; Aspatore Books, 2005, S. 10.

54 Vgl. Dowling, Michael; Drumm, Hans Jürgen (Hrsg.): Gründungsmanagement. Vom erfolgreichen Unternehmensstart zu dauerhaftem Wachstum; Springer Verlag, Berlin 2002, S. 13.

Diese Anforderungen werden nicht von jedem erfüllt, insbesondere nicht von Personen mit einer etwas nervösen Konstitution.[55]

Bei der Akquisition von Kapital haben sich Gründer mit unterschiedlichen Arten von Investoren auseinanderzusetzen. Diese verlangen in der Regel einen adäquaten Businessplan, aus dem sie die notwendigen Informationen entnehmen können.

Eigenschaften des Gründers

Für Kapitalgeber steht dabei der Gründer als Person mit all seinen Stärken und Schwächen zumeist an erster Stelle. Deshalb sind in einem Businessplan auch die persönlichen Eigenschaften der Gründer darzustellen, sodass sich die Leser einen Eindruck von deren Eignung machen können. Gleiches gilt für den Auftritt bei potenziellen Kapitalgebern wie Banken, Business Angels oder Venture-Capital-Gebern.

Die folgenden Ausführungen helfen Ihnen, beispielhaft einen Eindruck zu gewinnen, wie eine Beschreibung der Gründereigenschaften aussehen könnte. Bei der Erstellung eines Businessplans können die jeweiligen Eigenschaften mit einigen Beispielen aus der Vergangenheit empirisch unterlegt werden.[56]

- Akademische Intelligenz
- Soziale und emotionale Kompetenz
- Leistungswille
- Kreativität
- Flexibilität
- Organisationsfähigkeit
- Risikobereitschaft
- Motivation
- Emotionale Stabilität
- Lösungsorientierung
- Ambivalenztoleranz
- Umsetzungskompetenz
- Mitarbeiterführungskompetenz
- Durchhaltevermögen („langer Atem")

Grundsätzlich legen Kapitalgeber Wert darauf, dass die Gründer gut ausgebildet sind, professionell auftreten und gleichzeitig hart arbeiten. Dies liegt an dem hohen Einfluss der Einzelpersonen gerade in der frühen Phase der Entwicklung. Tatsächlich sind Gründer oft sehr leistungsorientiert

[55] Lang, Jack: The High-Tech Entrepreneur's Handbook. How to start and run a High-Tech company; Pearson Education Limited, Great Britain 2002, S. 7.

[56] Vgl. Meis, Thorsten: Existenzgründung durch Kauf eines kleinen oder mittleren Unternehmens; Eul Verlag, Lohmar/Köln 2000, S. 92. s. a.: Kußmaul, Heinz: Arbeitsbuch Betriebswirtschaftslehre für Existenzgründer; R. Oldenbourg Verlag, 2. wesentlich erweiterte Auflage, München 1999, S. 391; sowie Vgl. Leppin, Karin: Profiling für Gründer; in: starting up, 06-08/2007, S. 69.

und in der Regel auch sehr gut über den Markt informiert.[57] Gerne sehen Kapitalgeber hier auch → Serial Entrepreneurs, d. h. Gründer, die bereits ein oder mehrere Unternehmen gegründet haben. Des Weiteren sollten alle Kompetenzbereiche abgedeckt sein und auch zusätzliche Gründer als kritische Feedback-Geber involviert sein. Dies ist u. a. ein Grund, weswegen Teamgründungen normalerweise ein größeres Wachstum ausweisen als Einzelgründungen und Venture-Capital-Geber daher eher in Teamgründungen investieren.[58]

Serial Entrepreneur

Hierbei handelt es sich um einen Marktakteur, der sich das Gründen von Unternehmen zur Hauptaufgabe gemacht hat.

Sobald eine Unternehmensgründung abgeschlossen ist, widmet er sich der nächsten.

Dabei beschäftigt er sich jedoch im Gegensatz zum „Parallel Entrepreneur" immer nur mit einem Projekt zur gleichen Zeit.

Ein Beispiel aus der Praxis – SEMESTERBOOKS.de

7. Die Gründer Studenten wissen, was Studenten brauchen SEMESTERBOOKS.de entwickelte sich aufgrund von klarem Eigen-bedarf: Wer sich jedes Semester von Neuem auf die Suche nach günstigen Büchern begibt, wer dafür durch Onlineshops, Buchhandlungen, Antiquariate und Flohmärkte stöbert, wer Professoren befragt und Kommilitonen abtelefoniert, weiß: SEMESTERBOOKS.de ist zeitgemäß. **Kreshnik Myftari, 24**[34] Mit mindestens einer Gehirnhälfte immer auf der Suche nach neuen Ideen. Er studiert Politikwissenschaft an der Universität Heidelberg, ist der „Visionär" im SEMESTERBOOKS-Team und sorgt dafür, dass sich Idee und Marketing immer prächtig weiterentwickeln.	34 Jedes Businessmodell steht und fällt mit den Personen, die es verwirklichen. Vor allem die anfängliche enge Verbundenheit der Gründer mit der Geschäftsidee bzw. dem Start-up macht es für den Investor notwendig, sich ausgiebig mit dem Gründerteam zu befassen. Der vorliegende Businessplan zeigt, wie sich die beteiligten Akteure kurz und prägnant darstellen lassen.

57 Vgl. Klandt, Heinz: Der Unternehmensgründer; in: Dieterle, Willi K. M.; Winckler, Eike M.: Gründungsplanung und -finanzierung. Voraussetzungen für den Gründungserfolg; Beck Wirtschaftsberater, 3. Auflage, 2000, S. 5.

58 Vgl. Geigenberger, Isabel: Risikokapital für Unternehmensgründer. Der Weg zum Venture-Capital, Beck Wirtschaftsberater, 1. Auflage, München 1999, S. 39.

„Alle Studenten in Deutschland sollen die Möglichkeit haben, ihre Bücher kostenlos und ohne Aufwand zu kaufen und verkaufen. Dafür setzen wir uns ein."

Kreshnik hat schon während seines Abiturs ein Stadtmagazin in Mannheim gegründet und geführt.[35]

In diesem Rahmen konnte er auch sein Engagement bei der Youth Bank Mannheim zeigen. Während seines Studiums konnte er erfolgreich Projekte bei der studentischen Unternehmensberatung „Study & Consult e. V." umsetzen. Jetzt ist er für die Bereiche Marketing und Strategie von SEMESTERBOOKS.de verantwortlich.

Alexander Pelz, 22

Die Börse ist Alexanders Lieblingsspielplatz und genießt auch seine höchste Aufmerksamkeit.[36] Sein Standardspruch lautet „Das ist zu teuer, viel zu teuer", deshalb ist er auch der am besten geeignete Mann für die Finanzen bei SEMESTERBOOKS.de. Er studiert VWL an der Universität Heidelberg.

„Neue Lehrbücher sind überteuert; außerdem braucht man die meisten nach einem Semester nicht mehr. Durch unser Unternehmen werden diese Probleme gelöst."

Alexander wusste schon bei seinem Abitur, dass Mathematik zu seinen Stärken gehört. Dementsprechend wählte er auch sein Studium. Während seines Studiums konnte er praktische Erfahrungen bei renommierten Banken sammeln. Sein Engagement bei studentischen Organisationen wie der „Initiative Wertpapier Heidelberg e. V." oder „Study & Consult e. V." hat die Theorie mit der Praxis verschmelzen lassen. Alexander ist für die Bereiche Finanzen und Organisation bei SEMESTERBOOKS.de verantwortlich.

35 Der Verweis auf bisherige berufliche Tätigkeiten zeigt dem Leser die Kompetenz und Erfahrung des Gründerteams.

36 Das Erwähnen von privaten Vorlieben, die mit dem beruflichen Vorhaben korrespondieren, kann das Interesse und den Willen des Gründers unterstreichen, so wie in vorliegendem Fall.

Dominic Roessmann, 26 Dominic gestaltet und optimiert die SEMESTERBOOKS.de Homepage, wobei Usability und Kreativität seine Lieblingssprachen sind. Er studiert und arbeitet in Münster und wirkt bei diversen Webprojekten aktiv mit (u. a. linkarena.de). „SEMESTERBOOKS.de ist die ideale Plattform, um die sich im Studium unweigerlich anhäufenden Bücherberge abzutragen. Ein angenehmer Nebeneffekt ist der dabei entstehende Kontakt zu anderen Studenten." Dominic ist der technische Entwickler bei SEMESTERBOOKS.de.[37] Der gelernte Programmierer hat schon seit mehreren Jahren Interneterfahrung gesammelt und schon viele Start-ups begleitet und supportet.[38]	37 Ebenfalls als positiv erweist sich das Nennen und Zuweisen künftiger Aufgabenfelder und Funktionen einzelner Personen im Unternehmen. 38 An dieser Stelle sollte darauf hingewiesen werden, dass es sich trotz ausführlicher Personenbeschreibung oft anbietet, die kompletten Lebensläufe im Anhang hinzuzufügen. Dadurch kann sich ein potenzieller Investor bei Bedarf noch intensiver mit den Personen hinter der Gründungsidee beschäftigen. Gleichzeitig bietet sich den Gründern die Möglichkeit, weitere positive Erfahrungen bzw. zusätzlich erlangte Fähigkeiten darzustellen. Wurden bereits erste Erfahrungen im Gründungsbereich gesammelt, sollten diese unbedingt, wie auch im Fall von SEMESTERBOOKS.de, aufgeführt werden.

2.8.2 Unternehmensorganisation: Welche Organisation passt zu meinem Unternehmen?

An dieser Stelle Ihres Businessplans sollten Sie dem Leser einen Überblick über die angestrebte Unternehmensorganisation geben. Dabei stellt vor allem die Unternehmensgröße einen entscheidenden Faktor dar. Als einziger Mitarbeiter Ihres Unternehmens müssen Sie logischerweise weder Kompetenzen verteilen noch der Frage nachgehen, wie Sie am besten eine effiziente, unbürokratische und effektive Zusammenarbeit der einzelnen Unternehmensmitarbeiter gewährleisten. Sobald Sie jedoch auf Mitarbeiter angewiesen sind, stehen Sie vor dem Problem, diese in eine Unternehmensstruktur einzugliedern, um einen bestmöglichen Arbeitsablauf zu gewähleisten. Sie müssen sich also mit der Koordination der Abläufe, der Kompetenzverteilung und der Organisationsstruktur auseinandersetzen.

Ablaufkoordination

Eine Koordination der Prozesse im Unternehmen ist vor allem dann angebracht, wenn die zur Verfügung stehenden Ressourcen begrenzt sind und kein zufälliges Ergebnis angestrebt wird. In der Theorie gibt es eine Vielzahl unterschiedlicher Möglichkeiten, die Koordination der Abläufe zu gestalten. Oft findet man in der Praxis jedoch keine klare Abgrenzung der unterschiedlichen Stile vor. Meist werden die verschiedenen theoretischen Möglichkeiten vermischt oder teilweise ergänzt.

Hierarchische Koordination

Am häufigsten stößt man in der Praxis auf Elemente der Koordination durch persönliche Weisung. Diese hierarchische Koordination ist durch einen vertikalen Kommunikationsfluss geprägt und die Weisungen eines Vorgesetzten sind durch Sanktionen gestützt. Um die Abläufe in Ihrem

Unternehmen hierarchisch auszurichten, müssen Sie Abteilungen und Instanzen bilden und Verantwortungsbereiche festlegen. Dadurch können Sie sich auf Planungs- und Führungsaufgaben spezialisieren, rasch auf anfallende Probleme reagieren und Sie müssen keinen großen Gestaltungsaufwand aufbringen. Es ist jedoch nur eine vergleichsweise einfache Vorausplanung möglich und Ihnen entgehen Problemlösungspotenziale der Gruppe. Auch wird sich eine Überlastung der Instanzen negativ auf die Abläufe in Ihrem Unternehmen auswirken.

Koordination durch Selbstabstimmung

Eine weitere Möglichkeit der Gestaltung Ihrer Abläufe stellt die Koordination durch Selbstabstimmung dar. Dabei werden nicht wie bei der hierarchischen Koordination die Abläufe von höheren Instanzen kontrolliert, sondern es wird mithilfe der Selbstabstimmung der Individuen eine Koordinationsentscheidung in der Gruppe getroffen. Diese Form der Ablaufgestaltung bietet sich vor allem für kleinere Unternehmen an. Je größer die Gruppe zur Entscheidungsfindung ist, desto schwieriger wird es, einen Konsens zu finden. Ein weiteres Problem entsteht, wenn die Gruppe gar nicht zu einer Übereinkunft kommt. Dann ist Ihr Unternehmen handlungsunfähig und im schlimmsten Fall entsteht Ihnen ein finanzieller Schaden. Da diese Form der Ablaufkoordination auch besondere Anforderungen an die Qualifikation der Mitarbeiter stellt, könnte sich auch die Auswahl der Mitarbeiter durchaus als schwierig erweisen. Vorteilhaft ist jedoch, dass diese Form der Koordination die Entscheidungsinstanzen entlastet und eine Reduktion der Dienstwege nach sich zieht. Zusätzlich können Sie das Problemlösungspotenzial der Gruppe nutzen und erfahrungsgemäß sind Ihre Mitarbeiter durch die Beteiligung am Entscheidungsprozess motivierter.[59]

Koordination durch Programme

Schließlich gibt es noch die Koordination durch Programme. Dabei handelt es sich um eine besonders geeignete Methode, Abläufe zu koordinieren, die regelmäßig wiederkehren und kaum Abweichung bei der Ausführung vorweisen. Bei dieser Methode werden Tätigkeiten auf Basis festgelegter Verfahrensrichtlinien durchgeführt. Routineaufgaben können so ohne großen Koordinationsaufwand abgewickelt werden. Zusätzlich kommt es auch bei dieser Methode zu einer Entlastung vorgesetzter Instanzen. Durch die Standardisierung der Prozesse verringern sich außerdem Unsicherheiten bei der Abwicklung von Arbeitsprozessen. Probleme entstehen jedoch bei Abläufen, die neuartig sind oder flexible Lösungen verlangen. Auch besteht die Gefahr der Bürokratisierung.[60]

59 Vgl. Scherm, Ewald; Pietsch, Gotthard: Organisation: Theorie, Gestaltung, Wandel; Oldenbourg Verlag, München 2007, S. 209–210.

60 Vgl. Groll, Marcus: Koordination im Supply Chain Management. Die Rolle von Macht und Vertrauen; Gabler Verlag, 1. Auflage, Wiesbaden 2004, S. 60.

Kompetenz

Auch bei der Verteilung der Kompetenzen kann man zwischen unterschiedlichen Arten wählen. Beispielsweise kann man einzelne Mitarbeiter mit Zugriffsrechten auf bestimmte Informationen oder Materialien ausstatten. Dadurch erlangt der betreffende Mitarbeiter die sogenannte Verfügungskompetenz. Im Gegensatz zur Verfügungskompetenz berechtigt man bei der Entscheidungskompetenz den betreffenden Mitarbeiter, wichtige Entscheidungen im Unternehmen zu übernehmen. Zusätzlich wird noch zwischen Anordnungskompetenz (jemandem Aufgaben zuteilen können) und Mitsprachekompetenz (Recht zum Mitwirken bei der Entscheidungsfindung) unterschieden. Jede Delegation (Weitergabe von Entscheidungskompetenzen) birgt jedoch auch Risiken für Sie als Unternehmensgründer. Besonders die in der Principal-Agency-Theorie angesprochene Informationsasymmetrie spielt hierbei eine entscheidende Rolle.[61] Sie als Prinzipal sind nicht in der Lage, die Arbeitsweise Ihres Angestellten, des sogenannten Agents, lückenlos zu überwachen. Deshalb verfügt Ihr Arbeitnehmer, was den Arbeitsvorgang angeht, in der Regel über mehr Informationen als Sie. Unterstellt man nun, dass alle Menschen nach dem → Eigennutztheorem arbeiten, wird der Arbeitnehmer sein Plus an Informationen so nutzen, dass er und nicht Sie bzw. die Unternehmung den größten Nutzen daraus erzielt.

Eigennutztheorem

- Jedes Individuum hat das Ziel, seinen eigenen Nutzen zu maximieren.
- Bei der Nutzenmaximierung werden jedoch moralische Gesichtspunkte nicht vom Individuum berücksichtigt.

Organisationsstruktur

Selbst bei der Strukturierung Ihres Unternehmens haben Sie unterschiedliche Möglichkeiten zur Auswahl. Eine Variante stellt die Funktionalorganisation dar.

Funktionalorganisation

Die Funktionalorganisation wird bevorzugt bei Unternehmen verwendet, die über ein homogenes Leistungsspektrum verfügen. Dabei werden Einheiten gebildet, die alle Entscheidungskompetenzen im Rahmen einer betriebswirtschaftlichen Funktion im Leistungserstellungsprozess vereinen. Beispielhaft werden im Unternehmen Abteilungen für Marketing/Vertrieb, Personal, Technik/Entwicklung und Beschaffung gebildet.

Spartenorganisation

Als Alternative haben Sie die Möglichkeit, Ihr Unternehmen nach der Spartenorganisation zu strukturieren. Hierbei werden in der zweiten Hierarchieebene Entscheidungskompetenzen für bestimmte Produkt- oder Kundengruppen zusammengefasst. In diesem Fall bilden Sie nicht

---

61 Vgl. Alparslan, Adem: Struktualistische Prinzipal-Agent-Theorie; Deutscher Universitätsverlag/GWV Fachverlage GmbH, 1. Auflage, Wiesbaden 2006, S. 23.

wie bei der Funktionalorganisation eine Abteilung mit der Bezeichnung „Marketing", sondern beispielsweise eine Abteilung mit der Bezeichnung „Energietechnik" oder „Medizin". Besonders bei Unternehmen mit heterogenem Leistungsspektrum ist diese Form der Strukturierung eine beliebte Variante.

Matrix-organisation

Für junge Unternehmen mit einer geringen Mitarbeiterzahl und einem heterogenen Produkt-/Leistungsangebot bietet sich vor allem die Matrixorganisation an. „Der Begriff Matrixorganisation wurde geprägt, um einen visuellen Eindruck von Organisationen zu vermitteln, die methodisch versuchen, die Form funktionaler und in Bereiche unterteilter Organisationsstrukturen miteinander zu kombinieren, wie sie in Bürokratien mit einer Projektteam-Struktur zu finden sind. Die Funktionseinheiten entsprechen den Spalten der Matrix, die Teams den Zeilen."[62] Dabei wird die zweite Hierarchieebene nicht nur nach einem, sondern nach zwei unterschiedlichen Kriterien gebildet. Bildlich lässt sich die Matrixorganisation folgendermaßen darstellen:

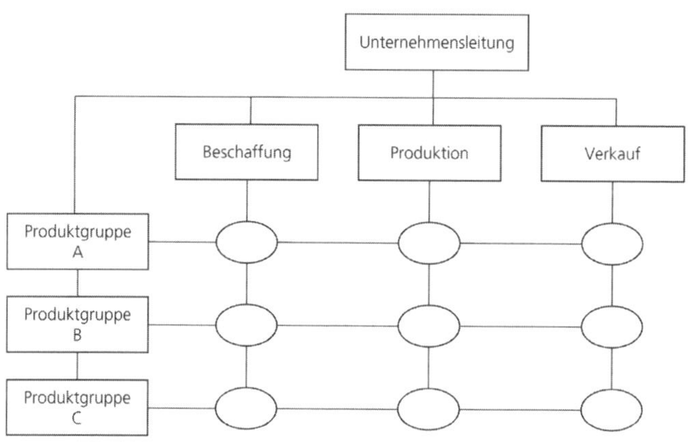

Abbildung 27: Die Matrixorganisation

2.8.3 Rechtsform – eine bürokratische Hürde

Eine weitere Hürde auf dem Weg zur Selbstständigkeit stellt die Wahl der Rechtsform für das Unternehmen dar. Hier gibt es für den angehenden Unternehmer eine Vielzahl von Möglichkeiten. Welche Rechtsform ist nun die richtige für Sie?

Prinzipiell unterscheidet man bei der rechtlichen Ausgestaltung einer Unternehmung zwischen Ein-Personen-Gründungen, Personengesellschaften und Kapitalgesellschaften. Der Gründer sollte sich jedoch im Klaren sein, dass er regelmäßig keine Rechtsform findet, die all seine Wünsche

[62] Morgan, Gareth: Bilder der Organisation; Klett-Cotta Verlag, Stuttgart 1997, S. 77.

erfüllt. Auch handelt es sich bei der Auswahl der Rechtsform nicht um eine einmalige Angelegenheit, sondern um ein ständig wiederkehrendes Problem, das je nach Unternehmenszustand neu gelöst werden muss. Dabei spielen neben der Größe des Unternehmens auch Faktoren wie Haftung, steuerliche Aspekte und Kapitalanforderungen eine entscheidende Rolle. Abbildung 28 gibt Ihnen einen ersten groben Überblick.

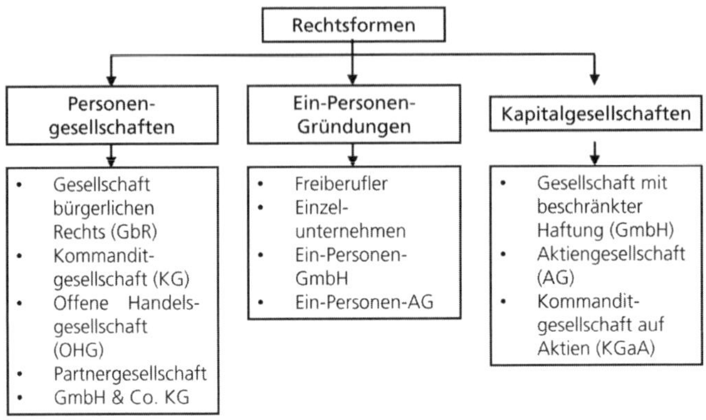

Abbildung 28: Übersicht über mögliche Rechtsformen bei der Unternehmensgründung

Ein-Personen-Gründungen

Zu den Ein-Personen-Gründungen gehören neben einer freiberuflichen Tätigkeit oder dem Einzelunternehmen auch die Ein-Personen-GmbH (Kapitalgesellschaft) sowie die Ein-Personen-AG (Kapitalgesellschaft). Beim Einzelunternehmen handelt es sich um eine Rechtsform, die automatisch entsteht, sobald Sie als Gewerbetreibender oder Freiberufler ein Geschäft eröffnen. Dabei entscheiden Sie selbst über alle Belange Ihres Unternehmens und darüber, wie viel Kapital Sie einbringen möchten, haften jedoch auch im Fall eines negativen Geschäftsverlaufs im vollem Umfang mit Ihrem privaten Vermögen. Als Einzelunternehmen (oder auch Freiberufler) zählen Sie nicht als → Kaufmann und müssen sich somit nicht in das Handelsregister eintragen.

Kaufmann

Im Handelsgesetzbuch (HGB) heißt es gemäß § 1: „Kaufmann ist, wer ein Handelsgewerbe betreibt. Handelsgewerbe ist jeder Gewerbebetrieb, der einen nach Art und Umfang in kaufmännischer Weise eingerichteten Geschäftsbetrieb erfordert." Ob Sie Kaufmann sind oder nicht, ist abhängig

- vom Umfang Ihres Unternehmens,
- von der Rechtsform Ihres Unternehmens.

Ein-Personen-GmbH

Alternativ zur Einzelunternehmung können Sie Ihr Unternehmen auch als Ein-Personen-GmbH gründen. Dabei müssen Sie jedoch beachten, dass bei der Ein-Personen-GmbH dieselben Bestimmungen wie für eine Mehrpersonen-GmbH gelten. Auch bei der Ein-Personen-GmbH sind Sie Ihr eigener Chef und haben gleichzeitig die Rolle als Geschäftsführer inne. Prinzipiell haftet bei einer GmbH nur das Gesellschaftsvermögen. Jedoch sind Ausnahmen möglich, bei denen auch das Privatvermögen für Haftungszwecke herangezogen werden kann. Dies tritt zum Beispiel ein, wenn Sie gegen die Regeln über das GmbH-Kapital verstoßen. Bei der Gründung ist wichtig, dass mindestens ein Gründer den Gesellschaftsvertrag notariell beurkunden lässt. Der Gründungsvertrag kann für Standardgründungen dem GmbH-Gesetz in Form eines Musterprotokolls entnommen werden. Bei der Gründung einer Ein-Personen-GmbH liegt die Mindestkapitalanforderung für den Gesellschafter bei 25.000 €. Da die Rechtsform der GmbH in kaufmännischer Art und Weise geführt wird, ist bei dieser Art der Gründung ein Eintrag in das Handelsregister vonnöten und Sie werden als Kaufmann angesehen.

Ein-Personen-AG

Eine aufwendigere Form der Unternehmensgründung im Vergleich zu den bereits genannten Rechtsformen ist die Ein-Personen-AG. Auch die AG zählt zu den Kapitalgesellschaften, jedoch mit einigen Unterschieden zur GmbH. Beispielsweise ist es aufgrund der Ausgestaltung einfacher, Eigenkapital zu beschaffen oder Anteile auf potenzielle Partner zu überschreiben. Der einfache Verkauf von Anteilen reicht aus, um die AG auf einen Nachfolger zu übertragen. Durch den Aufsichtsrat kann zusätzliches Fachwissen in die Unternehmung eingebracht werden. Nachteilig ist jedoch das höhere benötigte Grundkapital in Form von Aktien (mit einem Mindestnennwert von einem Euro) in Höhe von 50.000 € sowie aufwendigere Gründungsformalitäten und Rechenschaftspflichten des mindestens dreiköpfigen Aufsichtsrats. Auch bei der Ein-Personen-AG muss die Satzung notariell beurkundet werden. Zusätzlich müssen die Organe (Aufsichtsrat, Vorstand und Hauptversammlung der Aktionäre) der AG bestellt werden.[63]

Personengesellschaften

Für die Entstehung einer Personengesellschaft bedarf es mindestens zweier Personen, die einen gemeinsamen Zweck verfolgen. Rechtsformen, die dem Status einer Personengesellschaft unterliegen, sind zum einen die Gesellschaft des bürgerlichen Rechts (GbR) sowie die Kommanditgesellschaft (KG), die offene Handelsgesellschaft (OHG), die Partnerschaftsgesellschaft (PartG) und die GmbH & Co. KG.

GbR

Die GbR entsteht beim Zusammenschluss von mindestens zwei Partnern automatisch und kann sowohl von Gewerbetreibenden als auch von Frei-

63 Vgl. http://www.existenzgruender.de/selbstaendigkeit/planung/know_how/rechtsform/index.php, abgerufen am 28.04.2009.

beruflern gegründet werden. Bei der GbR handelt es sich um eine sehr unkomplizierte Form der Unternehmensgründung. Selbst eine mündliche Vereinbarung zwischen zwei Geschäftspartnern reicht aus, um ein solches Konstrukt zu bilden. Wie beim Einzelunternehmen ist weder eine Kapitaleinlage vorgeschrieben noch ein Eintrag in das Handelsregister vonnöten. Entschließen sich die Gesellschafter jedoch für den Eintrag in das Handelsregister oder wird das Unternehmen gemäß § 1 Abs. 2 HGB als Handelsgewerbe betrieben, wandelt sich die GbR automatisch in eine OHG um. Wird kein Eintrag in das Handelsregister vorgenommen, ist trotzdem zu beachten, dass sich jeder Gesellschafter beim Gewerbeamt anmelden muss. Bei einer freiberuflichen Tätigkeit ist beim zuständigen Finanzamt eine Steuernummer zu beantragen. Entscheidend bei der Namensgebung ist, dass der Firmenname sowohl Vor- als auch Nachnamen der Gesellschafter enthält.

KG

Eine weitere sehr gängige Form der Unternehmensgründung ist die KG. Im Gegensatz zur GbR besitzt der Unternehmer, auch als „Komplementär" bezeichnet, das alleinige Sagen im Unternehmen. Alle weiteren Gesellschafter, auch als „Kommanditisten" bezeichnet, führen dem Unternehmen Kapital zu, haben jedoch kein Mitspracherecht bei der Geschäftsführung. Auch bei der Haftung unterscheidet sich der Komplementär von den Kommanditisten. Anders als die Kommanditisten, die nur in Höhe des eingebrachten Kapitals haften, wird beim Komplementär auch dessen Privatvermögen für Haftungszwecke herangezogen. Aus steuerrechtlicher Sicht besitzen Sie als Mitunternehmer Einkünfte aus Gewerbebetrieb und haften auch für Steuerschulden mit Ihrem Privatvermögen.

OHG

Wie bereits bei der GbR angedeutet, entsteht die OHG unter anderem durch den Eintrag einer GbR in das Handelsregister. Auch bei der Gründung der OHG ist kein Mindestkapital vorgeschrieben und der Gesellschaftsvertrag unterliegt keiner festen Formvorgabe. Die Rechtsform der OHG gebietet jedoch einen Eintrag in das Handelsregister. Aufgrund der Tatsache, dass die OHG eine Personengesellschaft darstellt, haften die Gesellschafter auch bei dieser Form der Unternehmensgründung mit ihrem Privatvermögen. Vertragliche Ausnahmeregelungen sind jedoch möglich.

PartG

Bei der PartG gibt es im Vergleich zur GbR nur zwei wesentliche Unterschiede: Zum einen können sich nur Angehörige freier Berufe zu einer PartG zusammenschließen, zum anderen ist eine Haftungsbeschränkung möglich. Zu den Freiberuflern gehören z. B. Ärzte, Hebammen oder Wirtschaftsprüfer. Eine vollständige Liste der freiberuflichen Tätigkeiten finden Sie im § 1 Abs. 1 Satz 3 PartGG. Der Zusammenschluss zu einer PartG steht unter dem Vorbehalt des jeweiligen Berufsrechts und muss in einem schriftlichen Vertrag festgehalten werden. Weiterhin muss die Anmeldung beim elektronischen Partnerschaftsregister in notariell beglaubigter Form erfolgen.

GmbH & Co. KG

Als letzte Möglichkeit der Personengesellschaft soll die GmbH & Co. KG erwähnt werden. Dabei handelt es sich um einen Komplementär in Form einer GmbH, der somit seine Haftung beschränken kann. Durch diese Unternehmensform bietet sich die Möglichkeit, eine KG zu gründen und dabei das Haftungsrisiko zu reduzieren. Die Kommanditisten der Gesellschaft sind zumeist die Gesellschafter der GmbH. Auch bei der GmbH & Co. KG ist ein Eintrag in das Handelsregister notwendig; man benötigt ein Mindestkapital von 25.000 € (für die haftende Komplementär-GmbH).[64]

Kapitalgesellschaften

Als letzte große Gruppe der Unternehmensformen sollen nun die Kapitalgesellschaften vorgestellt werden. Zu den Kapitalgesellschaften gehören neben der Gesellschaft mit beschränkter Haftung (GmbH) auch die AG und die Kommanditgesellschaft auf Aktien (KGaA). Im Gegensatz zu Personengesellschaften handelt es sich bei Kapitalgesellschaften um juristische Personen und die Gesellschafter bzw. Anteilseigner haften nur in Höhe ihres eingebrachten Kapitals. Anteilseigner können dabei Kapital zur Verfügung stellen, ohne aktiv an der Unternehmensführung partizipieren zu müssen.

Kleine AG

Durch die kleine AG besitzt der Gründer die Möglichkeit, Anleger durch die Ausgabe von Aktien zu beteiligen. Dabei ist ein Mindestkapital von 50.000 € erforderlich, ein mit mindestens drei Mitgliedern bestückter Aufsichtsrat muss installiert werden. Bei einer Mitarbeiterzahl von weniger als 500 ist keine Mitbestimmung im Aufsichtsrat vorgesehen. Die Aktien der kleinen AG werden nicht an einer Börse gehandelt.

Da die GmbH bereits bei der Ein-Personen-GmbH erläutert wurde, soll an dieser Stelle auf eine wiederholte Darstellung verzichtet werden.

UG (haftungsbeschränkt)

Ein Spezialfall der GmbH ist die Unternehmergesellschaft (haftungsbeschränkt). Dabei handelt es sich jedoch nicht um eine neue Rechtsform – die UG (haftungsbeschränkt) ist eine GmbH, für die lediglich einige Sondervorschriften im GmbH-Gesetz gelten. Der wichtigste Unterschied besteht darin, dass die UG (haftungsbeschränkt) theoretisch mit einem Mindeststammkapital von einem Euro gegründet werden kann.

Mit der UG (haftungsbeschränkt) will der Gesetzgeber in erster Linie Gründern mit tatsächlich nur geringem Kapitalbedarf den späteren Einstieg in eine GmbH erleichtern. Ob die UG (haftungsbeschränkt) ein Erfolgsmodell wird und vor allem von Geschäftspartnern akzeptiert wird, ist noch offen. Die UG (haftungsbeschränkt) unterliegt bis auf wenige Ausnahmen denselben Regelungen wie die GmbH.

---

64 Vgl. http://www.existenzgruender.de/selbstaendigkeit/planung/know_how/rechtsform/index.php, abgerufen am 28.04.2009.

KGaA

Bei der KGaA handelt es sich um eine Mischform aus Aktiengesellschaft und Kommanditgesellschaft. Bei dieser Rechtsform muss gemäß § 278 I AktG mindestens ein voll haftender Komplementärgesellschafter vorhanden sein. Die Kommanditaktionäre besitzen zwar Anteile am Grundkapital in Form von Aktien, haften jedoch nicht mit ihrem persönlichen Vermögen. Im Extremfall könnte diese Form der Unternehmung auch von einer einzigen Person gegründet werden. In diesem Fall ist der KGaA-Komplementär zugleich auch Kommanditaktionär. Die Geschäftsführung wird in der Satzung der KGaA festgesetzt und in der Regel, soweit nicht anders festgehalten, durch den persönlich haftenden Komplementärgesellschafter übernommen. Bei der Hauptversammlung besitzt dieser jedoch kein Stimmrecht.

Ein Beispiel aus der Praxis – SEMESTERBOOKS.de

8. Organisation und Rechtsform

SEMESTERBOOKS.de hat die neue Gesetzesänderung in 2008 genutzt und hat sich nun in eine Unternehmergesellschaft (beschränkt) mit Sitz in Heidelberg gewandelt.[39] Der Schritt zur Kapitalgesellschaft war der bürokratische Schritt zum Unternehmen. Somit ist die Haftung vorerst auf die Stammeinlage beschränkt und wird jährlich aufgestockt (1/4 des Gewinns), bis 25.000 € Stammkapital erreicht sind und wir dann in eine GmbH umwandeln können.

Die Programmierung unserer Internetseite wurde im Rahmen einer Seed-Finanzierung bezahlt und im zweiten Quartal 2009 konnten wir durch eine weitere Finanzierungsrunde das benötigte Kapital zur Etablierung am Markt gewinnen.

39 In einem Businessplan sollte die Rechtsform nicht nur genannt werden, sondern wie im vorliegenden Beispiel von SEMESTERBOOKS.de auch hinsichtlich ihrer Wahl erläutert werden. Auch dadurch kann man potenziellen Investoren aufzeigen, dass man sich mit der Problematik befasst und die Wahl der Rechtsform nicht dem Zufall überlassen hat. Besonders im Hinblick auf mögliche steuerliche oder haftungsrechtliche Konsequenzen stellt die Wahl der Rechtsform eine strategische Entscheidung dar, deren Bedeutung nicht unterschätzt werden sollte.

2.8.4 Rechte und Pflichten eines Geschäftsführers

Hauptziele

Entscheidend für den Erfolg eines Unternehmens ist neben zahlreichen Faktoren wie beispielsweise Mitarbeiter, Organisation der Unternehmung, Rechtsform und Planung generell auch die Leistung des Geschäftsführers. Dieser hat die Aufgabe, die Leitung des Unternehmens zu übernehmen und somit den Unternehmensgegenstand in allen Bereichen optimal umzusetzen. Hauptziel des Geschäftsführers sollte deshalb sein, Gewinn zu erzielen und den Unternehmenswert zu steigern. Da diese Position im Unternehmen eine sehr bedeutende Stellung innehat und die Leitung eines Unternehmens mit großer Verantwortung einhergeht, werden im nachfolgenden Abschnitt am Beispiel der GmbH die Rechte und Pflichten eines Geschäftsführers dargestellt. Diese richten sich nach gesetzlichen Bestimmungen sowie weiteren Vereinbarungen im Gesellschaftsvertrag. Dabei ist es grundsätzlich unbedeutend, ob die Rolle des Geschäftsführers durch den Gründer selbst oder durch eine dritte Person bekleidet wird.

Sorgfaltsanforderungen

Prinzipiell hat der Geschäftsführer bei der Unternehmensleitung die Sorgfalt eines ordentlichen Geschäftsmanns anzuwenden. Darunter versteht man die Sorgfalt, an der sich eine Person in der verantwortlichen leitenden Stellung eines Verwalters fremder Vermögensinteressen orientieren muss. Persönliche Eigenschaften und Fähigkeiten des Geschäftsführers sind bei der Sorgfaltsanforderung grundsätzlich ohne Bedeutung. Insofern werden rechtlich gesehen persönliche Eigenschaften und Fähigkeiten des Geschäftsführers nicht berücksichtigt. Mangelnde Erfahrung sowie fehlende Kenntnisse entlasten den Geschäftsführer in Haftungsfragen gegenüber der Gesellschaft und außenstehenden Dritten also nicht. Generell wird davon ausgegangen, dass der Geschäftsführer gegen seine Sorgfaltspflicht verstößt, wenn er das erlaubte Risiko überschreitet. Die Entscheidungen eines Geschäftsführers müssen deshalb immer sorgfältig auf Risiken und Chancen geprüft werden. Zusätzlich muss sich der Geschäftsführer seiner Befugnisse im Innen- und im Außenverhältnis bewusst sein. Unter dem „Außenverhältnis" wird das Vertreten der Gesellschaft nach außen gegenüber Dritten verstanden. Dabei spricht man im Allgemeinen von der Vertretungsbefugnis. Nach innen hingegen besitzt der Geschäftsführer die sogenannte Geschäftsführerbefugnis.

Geschäftsführerbefugnis

Die Geschäftsführerbefugnis gibt einen Rahmen vor, in dem der Geschäftsführer seine Aufgaben zu verrichten hat. Er darf also nicht über alle Maßnahmen selbstständig entscheiden. Beispielsweise könnte sich die Geschäftsführerbefugnis aus gesetzlichen Kompetenzen und Zustimmungsvorbehalten ergeben. Auch satzungsmäßige Kompetenzen und Zustimmungsvorbehalte im Gesellschaftsvertrag sowie Vorgaben durch Gesellschafterbeschlüsse oder andere Organe sind geeignet, die Macht des Gesellschafters zu definieren. Hinzu kommen mögliche Einschränkungen durch den Anstellungsvertrag. Bei einer Verfehlung der gesellschaftsinternen Vorgaben macht sich der Geschäftsführer schadensersatzpflichtig und kann zudem abberufen oder gekündigt werden. Dem gegenüber stehen jedoch die gesetzlich vorgeschriebenen Pflichten, die unabdingbar und grundsätzlich auch entgegen der Weisung der Gesellschafter zu befolgen sind. Diese setzen sich zusammen aus:

- Aufstellung des Jahresabschlusses
- Einberufung der Gesellschafterversammlung
- Sicherstellung einer ordnungsgemäßen Buchführung
- Bewahrung des Stammkapitals vor verbotenen Auszahlungen
- Verhinderung des verbotenen Eigenerwerbs von Anteilen
- Einrichtung eines Überwachungssystems (Risikomanagement)

- Gegebenenfalls Stellung eines Insolvenzantrags – spätestens drei Wochen nach Eintritt von Zahlungsunfähigkeit oder Überschuldung (bei negativer Fortführungsprognose)

Ergänzt wird diese Liste durch alle gewöhnlichen und außergewöhnlichen Maßnahmen, die zur Erfüllung des Gesellschaftszwecks vonnöten sind. Der Geschäftsführer ist somit für das komplette Tagesgeschäft zuständig und muss sich unter anderem mit der Kreditaufnahme, der Personalplanung, der Organisation und der Bestellung von Prokuristen und Handlungsbevollmächtigten befassen.

Satzung

Wie bereits angedeutet, kann die Handlungsfreiheit des Geschäftsführers durch die Satzung eingeschränkt werden. Häufig wird in der Satzung der GmbH geregelt, in welchen Fällen der Geschäftsführer der Zustimmung der Gesellschafterversammlung bedarf. Des Weiteren werden in der Satzung oft Konsultations- und Informationspflichten geregelt. Beispielhaft hierfür ist die regelmäßige Berichterstattung über die Finanzen und die Liquiditätslage.

Gesellschafterversammlung

Neben der Satzung kann auch die Gesellschafterversammlung dem Geschäftsführer jederzeit Vorgaben machen. Hierbei besteht die größte Gefahr für den Geschäftsführer darin, dass er eine Weisung erhält, die von einem Gesellschafter angefochten wird. Da sich eine Klärung der Rechtslage meist über einen längeren Zeitraum hinzieht, besteht für den Geschäftsführer die Gefahr, dass die Ausführung rechtswidrig war. Andererseits kann bei Nichtausführung des Beschlusses später der Vorwurf vorgebracht werden, dass der Geschäftsführer einen gültigen Beschluss nicht ausgeführt habe. In beiden Fällen kann der Geschäftsführer zur Haftung herangezogen werden.

Vertretungsbefugnis

Im Gegensatz zur Geschäftsführerbefugnis nach innen besitzt er nach außen die Vertretungsbefugnis. Das bedeutet, dass der Geschäftsführer im Namen der GmbH auftritt und diese außergerichtlich und gerichtlich vertritt. Diese Vertretungsbefugnis wird jedoch unwirksam, sobald der Geschäftsführer sie missbraucht oder durch sein Handeln die Erhaltung des Stammkapitals gefährdet.

Wurde erst einmal eine gewisse Unternehmensgröße erreicht, kann es durchaus vorkommen, dass mehrere Geschäftsführer bestellt werden. Diese sind nach dem Gesetz gemeinsam zur Vertretung und Geschäftsführung berechtigt und verpflichtet. Hierbei müssen jedoch Entscheidungen sowie die Vertretung nach außen von allen Geschäftsführern mitgetragen werden. Wird eine Erklärung eines Dritten gegenüber der Gesellschaft abgegeben, reicht es aus, wenn diese gegenüber einem der Geschäftsführer abgegeben wird. Diese gesetzliche Vorgabe kann jedoch jederzeit vertraglich verändert werden und den einzelnen Geschäftsführern können je nach Bedarf unterschiedliche Kompetenzen oder Vertretungsbefugnisse zugeteilt werden.

Grundlegend ist auch zu beachten, dass die Befugnisse des Geschäftsführers zwar vertraglich oder durch Satzungs- bzw. Gesellschafterbeschlüsse eingeschränkt werden können, jedoch die Vertretung und die zwingend vom Gesetz vorgeschriebenen Aufgaben unantastbar sind. Auch die dem Geschäftsführer zustehende Möglichkeit, einzelne Aufgaben zu delegieren, umfasst nicht seine Vertretungsgewalt.

Treuepflicht

Aus der Treuepflicht des Geschäftsführers ergibt sich zudem, dass dieser stets zum Wohl und zum Nutzen der Gesellschaft agieren muss. Darunter fällt auch, dass er seine ganze Arbeitskraft der Gesellschaft zur Verfügung stellt und eine Nebentätigkeit nur mit ausdrücklicher Zustimmung ausübt. Ein eigennütziges Handeln, bei dem Geschäftschancen der GmbH für eigene Interessen genutzt werden, ist ebenso untersagt wie das Einbehalten von Erfindungen, die der Geschäftsführer während seiner Amtszeit macht.

Verschwiegenheitspflicht

Weiterhin unterliegt der Geschäftsführer einer Verschwiegenheitspflicht gegenüber Dritten. Dies gilt sowohl während als auch nach seiner Tätigkeit bei der GmbH. Ebenso darf der Geschäftsführer während seiner Vertragszeit weder eigenständig noch mittelbar oder unmittelbar über Dritte der eigenen GmbH Konkurrenz machen. Hiervon kann der Geschäftsführer befreit werden. Für den Zeitraum nach der Geschäftsführertätigkeit wird oft eine Karenzentschädigung im Vertrag vereinbart.

Pflicht der Kapitalerhaltung

Zu den wichtigsten Pflichten des Geschäftsführers zählt die Pflicht der Kapitalerhaltung. Der Geschäftsführer kann letztlich für das Missachten des § 30 GmbH-Gesetz zur Rechenschaft gezogen werden. § 30 GmbH-Gesetz besagt, dass das zur Erhaltung des Stammkapitals erforderliche Vermögen der Gesellschaft nicht an die Gesellschafter ausbezahlt werden darf. Verhindert der Geschäftsführer eine solche Auszahlung nicht, haftet er persönlich dafür. Zusätzlich muss er prüfen, ob das Stammkapital beim Erwerb eigener Anteile durch die GmbH auf den zu erwerbenden Anteil voll eingezahlt wurde und ob ungebundenes Vermögen für den Erwerb vorhanden ist.

Organisatorische Pflichten

Außerdem besitzt der Geschäftsführer noch einige organisatorische Pflichten. Diese beinhalten das Einberufen der Gesellschafterversammlung, das Erfassen der Daten der Gesellschafter sowie die Erteilung von die Gesellschaft betreffenden Auskünften sowohl nach innen als auch nach außen. Er muss zusätzlich dafür Sorge tragen, dass der Eintrag ins Handelsregister ordnungsgemäß vorgenommen wird, und für eine ordnungsgemäße Buchführung sorgen. Dadurch ist er verpflichtet, die Buchhaltung gemäß den Vorschriften über die Handelsbücher zu organisieren. Bei einer GmbH scheidet eine einfache Einnahmen-Überschuss-Rechnung also aus. Neben der ständigen Überprüfung der Buchführung muss der Geschäftsführer die vorgegebenen Fristen für den Jahresabschluss und den Lagebericht einhalten und das Ergebnis der Gesellschafterversammlung vorlegen. Neben dieser Vielzahl von Pflichten stehen dem Geschäftsführer jedoch auch einige Rechte zu.

Anspruch auf vereinbarte Vergütung

Zum einen hat der Geschäftsführer Anspruch auf die vereinbarte Vergütung. Diese setzt sich in der Regel aus einer monatlichen Festvergütung sowie Tantiemen, Gratifikationen und sonstigen Leistungen zusammen. Wie jedem Arbeitnehmer steht auch einem Geschäftsführer ein angemessener Urlaub zu. Sollte er aus betrieblichen Gründen nicht in der Lage sein, diesen anzutreten, so besitzt er einen Anspruch auf Abgeltung.

3 Stolpersteine auf dem Weg zum eigenen Unternehmen

„Nur ein Idiot glaubt, aus eigenen Erfahrungen zu lernen. Ich ziehe es vor, aus den Erfahrungen anderer zu lernen, um von vornherein eigene Fehler zu vermeiden."

Otto von Bismarck, deutscher Staatsmann

3.1 Fehlende Unternehmereigenschaften

Um ein Unternehmen erfolgreich zu führen, bedarf es einer Vielzahl von Fähigkeiten. Eine Erhebung der DIHK zeigt, dass die meisten Gründer neben mangelnder Vorbereitung und Fehleinschätzung des Marktes meist mangelhafte oder gar keine kaufmännischen Fähigkeiten besitzen.

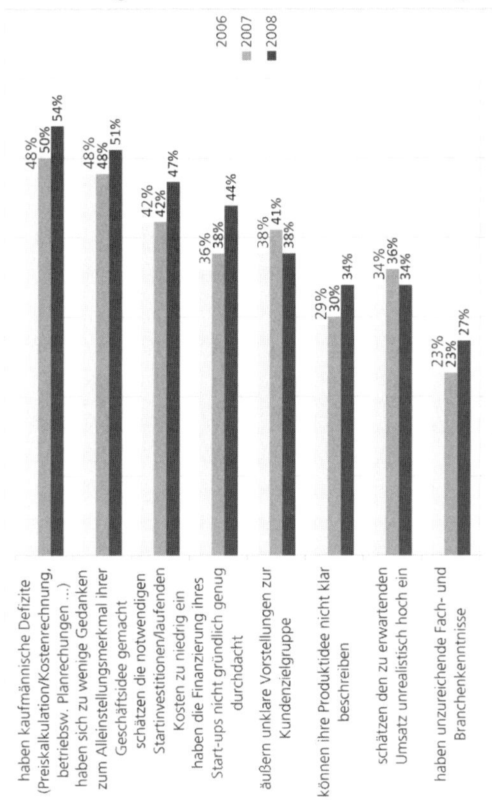

Abbildung 29: Defizite bei der Unternehmensgründung

Insbesondere bei Unternehmensgründungen aus der Arbeitslosigkeit heraus ist es ein großes Problem, dass die Gründer kaum oder nur unzureichend über kaufmännische Kenntnisse verfügen, wie auch die Studie der IHK (siehe Abbildung 29) belegt.

Persönliche Eigenschaften

Oft mangelt es Unternehmensgründern jedoch auch an persönlichen Eigenschaften, die für eine erfolgreiche Unternehmensgründung unumgänglich sind. Neben fehlender Kontaktfreudigkeit, mangelhafter Personalführung und fehlendem Durchsetzungsvermögen kommen häufig persönliche Defizite wie etwa mangelnde Selbstmotivation und Schwierigkeiten in termingerechtem Arbeiten hinzu. Besonders als Unternehmer, ohne externen Ansporn durch einen Arbeitsvertrag und einen damit verbundenen Vorgesetzten, fehlt es vielen Menschen an Antrieb. Gerade in der arbeitsintensiven Anfangszeit ist der Gründer einer enormen Arbeitsbelastung ausgesetzt, die ein hohes Maß an Selbstmotivation erfordert. Neben einer Vielzahl von Terminen wie beispielsweise Bankgesprächen, Kundengesprächen und Messen muss der Gründer die Buchhaltung erledigen und Rechnungen schreiben. Er muss die Dienstleistung oder das Produkt herstellen und neue Kunden akquirieren. Eine der meistunterschätzten Gründereigenschaften ist die Fähigkeit, mit anderen Menschen umzugehen, sei es mit Kunden, Mitarbeitern oder Lieferanten. Hat man Schwierigkeiten im Umgang mit anderen Menschen oder ist man introvertiert, sollte man sich den Schritt in die Unabhängigkeit genau überlegen.

Der Unternehmertyp

Die IHK hat zu diesem Thema einige Fragen zusammengestellt, um herauszufinden, ob man ein Unternehmertyp ist oder nicht:

- Verfügen Sie über Führungserfahrung? Haben Sie schon einmal die Arbeit von Mitarbeitern organisiert und kontrolliert? Können Sie motivieren?
- Besitzen Sie eine fundierte kaufmännische oder betriebswirtschaftliche Ausbildung oder entsprechende Erfahrung?
- Verfügen Sie über Erfahrung im Vertrieb? Verfügen Sie über Verkaufsgeschick? Verkaufen Sie auch gern? Vergessen Sie nicht, dass die Kundengewinnung Ihre zentrale Aufgabe sein wird.
- Können Sie damit leben, häufig kein regelmäßiges und stabiles Einkommen zu erzielen?
- Wie steht es um Ihre körperliche Fitness? Gibt es bei Ihnen besondere gesundheitliche Risiken?
- Sind Sie dazu in der Lage, dauerhaften Stress auszuhalten?
- Sind Sie bereit, zumindest in den ersten Jahren 60 oder mehr Stunden pro Woche zu arbeiten?
- Glauben Sie, dass Sie als Unternehmer noch ruhig schlafen können, wenn Sie an die möglichen Unsicherheiten Ihrer unternehmerischen Existenz denken?
- Können Sie damit rechnen, dass Ihre Familie Sie unterstützt?

- Weichen Sie Problemsituationen nicht aus, sondern suchen Sie nach Lösungen?
- Sind Sie gewohnt, sich selbst Ziele zu setzen und in Eigenmotivation selbstständig zu verfolgen?
- Verfügen Sie über finanzielle Reserven, die es Ihnen ermöglichen, notfalls auch ohne Banken oder andere Kapitalgeber zu gründen oder zu investieren?
- Haben Sie oder Ihr Lebenspartner andere Einkommensquellen, die den Lebensunterhalt sichern können?[65]

Feedback geben lassen

Hilfreich bei der Einschätzung, ob man der unternehmerischen Herausforderung gewachsen ist, sind meist auch Verwandte und Freunde. Durch diese Personengruppen lassen sich besonders gut Diskrepanzen zwischen der eigenen Wahrnehmung und der Wahrnehmung durch andere herauskristallisieren. Auch ein Gründerberater oder Coach ist durch seine umfangreiche Erfahrung und seine dadurch erlangte Menschenkenntnis zumeist in der Lage, eine erste Einschätzung abzugeben.

3.2 Fehleinschätzung durch den/die Gründer

Neu gegründete und junge Unternehmen ohne Historie müssen für die Unternehmensplanung eine Vielzahl von Annahmen treffen. Optimalerweise sind ein Großteil dieser Annahmen durch Recherchen, Studien und sonstige Informationen gestützt und plausibilisiert. Trotz umfangreicher Informationsbeschaffung und sorgfältiger Planung verbleiben oft große Spielräume, was die subjektiven Einschätzungen und die daraus resultierenden Folgen anbelangt. Problematisch sind hier vor allem diejenigen Fehleinschätzungen, die zu einer zu optimistischen Planung führen. Eine Vielzahl von Finanzierungsproblemen beruht oft auf Fehleinschätzungen des → Marktes.[66]

Markt

- Als „Markt" wird in der Regel ein Ort bezeichnet, an dem Waren regelmäßig gehandelt werden.
- Heutzutage wird der Begriff jedoch weiter gefasst und beinhaltet das geregelte Zusammenführen des Angebots und der Nachfrage von Waren, Dienstleistungen und Rechten.

---

65 http://www.stade.ihk24.de/produktmarken/unternehmensfoerderung_und_start/existenzgruendung/Erste_Schritte/Eigenschaften_als_Unternehmer/index.jsp, abgerufen am 03.08.2009.

66 Vgl. Brettel, Malte; Jaugey, Cyril; Rost Cornelius: Business Angels. Der informelle Beteiligungskapitalmarkt in Deutschland; Gabler Verlag, Wiesbaden 2000, S. 50.

Auch eine zu extreme Arbeitsbelastung sowie fehlendes Spezialwissen von Gründern können zu Fehlentscheidungen u. a. im Geschäft bzw. bei der Gestaltung des Geschäftsmodells führen.[67]

Um solche Fehleinschätzungen verhindern oder zumindest reduzieren zu können, sind einige Maßnahmen sinnvoll und zielführend, welche die Gründer nutzen sollten, um die Ausfallwahrscheinlichkeit und/oder die Ausfallhöhe reduzieren zu können.

Hierbei sollten der Geschäftsplan und das Geschäftsmodell u. a. dem persönlichen Umfeld vorgestellt werden, um ein Feedback von Personen mit unterschiedlichem Hintergrund zu erhalten. Dabei ist es wichtig, dass diese Personen sich kritisch äußern (wollen) und damit auch mögliche Probleme aufzeigen.

Dies kann den Gründern helfen, einige Schwächen zu korrigieren oder zumindest anzudiskutieren.

Expertenmeinung

Des Weiteren sollten die Marktprognosen von Experten mit entsprechendem fachlichem Hintergrund begutachtet und auf Plausibilität geprüft werden.

Werden hier die vorgestellten Punkte berücksichtigt, lässt sich das Risiko eines Ausfalls signifikant reduzieren.

3.3 Persönliches Umfeld

In der Regel verlangt eine Firmengründung vom Unternehmer vollen Einsatz. Das bedeutet, dass für Privatleben und Familie wenig bis keine Zeit mehr zur Verfügung steht. Diese Unausgeglichenheit von Beruf und Privatleben kann zu Spannungen mit dem Partner und/oder dem etablierten sozialen Umfeld führen. Im schlimmsten Fall droht die Gefahr, dass der Gründer sich schließlich zwischen seiner Familie und dem jungen Unternehmen entscheiden muss.

Unterstützung durch die Familie

Es ist deshalb von vornherein ratsam, diese Dinge mit seinem Partner oder Lebensgefährten durchzusprechen. Je mehr Rückhalt der Gründer durch sein Umfeld bekommt, desto leichter wird es, die schwierigen Anfangsjahre der Unternehmensgründung zu meistern. Besonders bei Rückschlägen, die bei einer Unternehmensgründung fast zwangsläufig vorprogrammiert sind, kann Unterstützung durch das private Umfeld neue Kraft geben – getreu dem Motto „geteiltes Leid ist halbes Leid“.

Belastung der Kinder

Auch Kinder leiden oft an der hohen Belastung der selbstständigen Eltern. Zum einen kommt ihnen nicht die benötigte Aufmerksamkeit zu; zum anderen liegen oft die Nerven bei den unter Dauerstress stehenden Eltern blank. Dies kann zu einem angespannten Mutter-/Vater-Kind-Verhältnis führen. Der zusätzliche Zeitmangel sorgt meist dafür, dass

67 Vgl. Dowling, Michael; Drumm, Hans Jürgen (Hrsg.): Gründungsmanagement. Vom erfolgreichen Unternehmensstart zu dauerhaftem Wachstum; Springer Verlag, Berlin 2002, S. 205.

den überlasteten Eltern nur noch die entgeltliche Betreuung des Nachwuchses bleibt.

Steuervorteile bei Kinderbetreuung

Auch der Staat hat dies erkannt und unterstützt deshalb berufstätige Eltern mit Kindern, die das 13. Lebensjahr noch nicht vollendet haben, durch die Möglichkeit, diese Kosten von der Steuer abzuziehen. Seit 2006 können derartige erwerbsbedingte Kinderbetreuungskosten wie Betriebsausgaben oder Werbungskosten direkt von den Einnahmen abgezogen werden. Es macht dabei keinen Unterschied, ob es sich um Aufwendungen für einen Kindergarten oder für einen Hort handelt. Selbst Aufwendungen für eine Tagesmutter oder eine Betreuungsperson, die ins Haus kommt, können angesetzt werden. Kosten für Sachleistungen wie beispielsweise Essen, welches das Kind während der Betreuung zu sich nimmt, können jedoch nicht abgezogen werden. Auch Unterrichtskosten wie beispielsweise Schulgeld sowie Nachhilfestunden oder Fremdsprachenunterricht sind nicht abziehbar. Neben reinen Geldleistungen können auch Sachleistungskosten an die Betreuungsperson abgezogen werden. Dies ist besonders vorteilhaft, wenn sich eine Au-pair-Kraft um die Kinder kümmert. Hierbei sollte jedoch beachtet werden, dass aus Nachweisgründen eine schriftliche Fixierung des Zeitanteils, der auf die Kinderbetreuung anfällt, vorteilhaft ist. Auch Fahrtkosten, die der Betreuungsperson entstehen, um eine Vor-Ort-Kinderbetreuung zu gewährleisten, können angesetzt werden; Fahrtkosten, die den Eltern durch die Fahrt zur Betreuungseinrichtung entstehen, hingegen nicht.

Betreuung durch Angehörige

Liegt der Spezialfall vor, dass nahe Angehörige die Kinderbetreuung entgeltlich übernehmen, ist mit besonderer Sorgfalt vorzugehen. Da das Finanzamt in diesen Fällen den Kostenabzug wegen fehlender Fremdüblichkeit meist versagt, sollte ein schriftlicher Vertrag geschlossen werden. Um jegliche Restzweifel beim Finanzamt zu zerstreuen, sollten die Zahlungen regelmäßig und per Überweisung vonstatten gehen. Dies ist auch insoweit sinnvoll, als seit 2007 Barzahlungen steuerlich nicht mehr begünstigt sind. Auch in der Höhe der absetzbaren Aufwendungen gibt es einiges zu beachten. Zum einen dürfen nur zwei Drittel der Aufwendungen angesetzt werden und zum anderen darf die Höhe der angesetzten Aufwendungen 4.000 € pro Kind und Jahr nicht überschreiten. Dadurch ergibt sich, dass höchstens ein Kinderbetreuungsjahresaufwand in Höhe von 6.000 € bewilligungsfähig ist. Darüber hinausgehende Aufwendungen wirken sich nicht weiter aus. Werden die Kinder beispielsweise von den Großeltern betreut, müssen diese bei sonst niedrigen Einkünften oftmals gar keine Steuern zahlen.

3.4 Physische und psychische Fitness

Die enorme Belastung, die mit einer Unternehmensgründung verbunden ist, kann den Gründer an den Rand seiner persönlichen Leistungsfähigkeit führen. Häufig sind daher auch psychische oder physische Probleme für das Scheitern von jungen Unternehmen verantwortlich. Besonders die im Anfangsstadium sehr hohe Abhängigkeit des Unternehmens vom Gründer führt letztendlich dazu, dass bei einem krankheitsbedingten Ausfall des Existenzgründers keine Ersatzperson in der Lage ist, die anstehenden Aufgaben abzuarbeiten. Folglich bleiben Aufträge unbearbeitet, Rechnungen unbezahlt und Einnahmen aus. In kürzester Zeit kann ein aufstrebendes Unternehmen dadurch zum Sanierungsfall werden. Auch potenzielle Investoren werden erfahrungsgemäß einfacher gewonnen, wenn der Gründer nicht als Einziger in der Lage ist, das Unternehmen zu betreiben. Besonders bevorzugt werden daher Teamgründungen. Im Fall eines krankheitsbedingten Ausfalls eines Teammitglieds kann der Betrieb dennoch aufrechterhalten werden.

Burn-out-Syndrom

Eine der bekanntesten Krankheiten, die durch zu viel Leistungsdruck und Stress ausgelöst wird, ist das sogenannte Burn-out-Syndrom. Übersetzt bedeutet dies so viel wie „ausgebrannt sein". Die auftretenden Symptome sind insbesondere Schlaflosigkeit, Lustlosigkeit, Gereiztheit, Gefühle des Versagens, permanente Müdigkeit usw. Im Gegensatz zur normalen Erschöpfung nach schwerster körperlicher Arbeit kann sich die Regenerationszeit bisweilen auch über Jahre hinziehen.

Auf Gesundheit achten

Generell sollte jeder Gründer, ob im Team oder auf sich allein gestellt, so viel wie möglich für seine Gesundheit und die damit einhergehende Leistungsfähigkeit tun. Je mehr der Körper durch ausreichend Schlaf, gesunde Ernährung und sportliche Betätigung sowie Verzicht auf Alkohol und Zigaretten gepflegt wird, desto leistungsfähiger wird er. Dadurch werden sowohl geistige als auch körperliche Belastungen um ein Vielfaches leichter ertragen. Dies führt schließlich wiederum zu einer Produktivitätssteigerung und weniger Ausfallzeiten.

4 Erfolgsfaktoren aus Sicht der Kapitalgeber

Bei der Betrachtung der erfolgsrelevanten Faktoren legen Investoren bzw. Kapitalgeber besonderen Wert auf einige Aspekte, welche den größten Einfluss auf den Erfolg eines neu gegründeten Unternehmens erwarten lassen. Hierbei handelt es sich um den oder die Gründer des Unternehmens, das Alleinstellungsmerkmal des Unternehmens bzw. des Geschäftsmodells (→ Unique Selling Proposition (USP)) sowie die erwartete Entwicklung des angestrebten Marktes. Da die Gründerperson bereits ausgiebig in Kapitel 2.8.1 „Gründer – Personen wie du und ich" behandelt wurden, werden im nachfolgenden Kapitel nur die Faktoren USP und Marktentwicklung dargestellt.

4.1 First Mover und Wachstumsmarkt

Neue Geschäftsmodelle sollten optimalerweise einen Wettbewerbsvorteil („competitive advantage") gegenüber anderen (potenziellen) Wettbewerbern haben, um sich mittelfristig am Markt etablieren zu können. Neben dem bereits erwähnten USP entscheiden auch Art und Weise des Timings des Markteintritts sowie die vorliegende Marktstruktur über den Erfolg einer Unternehmensgründung.

First Mover

Gerade die Zeitkomponente wird neben der Produktkomponente (Produkteigenschaft) immer wichtiger. Ein Unternehmer, der als Erster einen Markt betritt, wird oft als „First Mover" oder „Pionierunternehmer" bezeichnet. Unternehmen, die anschließend in diesen Markt eintreten, werden je nach Timing ihres Markteintritts entweder als „frühe" oder als „späte Folger" bezeichnet. In der Regel besitzt der First Mover durch seine Pionierleistung einen Innovationsvorteil, der ihm erhöhte Renditen ermöglicht. Kann sich der Pionierunternehmer nicht durch eine Patentanmeldung bzw. durch Markteintrittsbarrieren gegen Nachahmer abschotten, wird er diesen Vorteil jedoch relativ schnell wieder verlieren.

Als weiterer Vorteil des First Movers wird die Schaffung eines Marktstandards gesehen. Ein gutes Beispiel hierfür sind Amazon oder Ebay. Jeder, der ein Buch über das Internet kaufen möchte, denkt in erster Linie an Amazon, obwohl bereits etliche Konkurrenten am Markt sind. Ebay wird als Synonym für Internetauktionen gesehen und erschwert es Folgern, am Markt Fuß zu fassen.[68]

Produktlebenszyklus

Ein weiteres Problem, das bei einem Markteintritt als Folger auftreten kann, hängt mit dem Produktlebenszyklus zusammen. Ein Produkt be-

[68] Vgl. Harald Hungenberg, Strategisches Management in Unternehmen. Ziele, Prozesse, Verfahren; Gabler Verlag, Wiesbaden 2004, S. 214.

sitzt eine gewisse „Lebensdauer". Diese Lebensdauer wird in unterschiedliche Phasen eingeteilt. Gemeinhin geht die Literatur hierbei von fünf Phasen aus. Wie Abbildung 30 zeigt, wird die erste Phase als „Einführungsphase" bezeichnet. Obwohl bereits ein gewisser Umsatz erzielt wird, fällt in dieser Phase generell noch kein Gewinn an. Die Gewinnerzielung beginnt erst in der zweiten Phase, der sogenannten „Wachstumsphase".

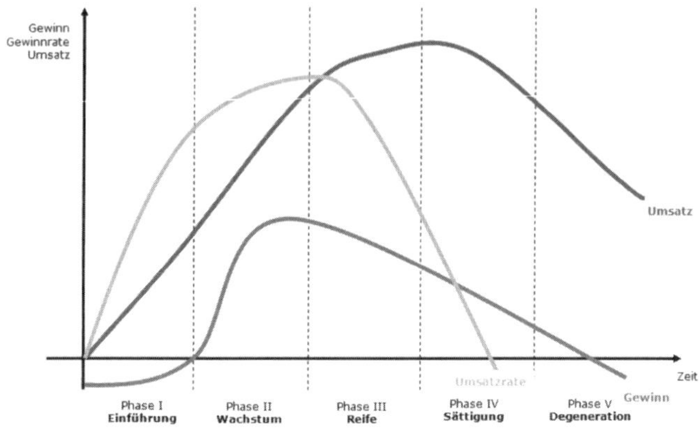

Abbildung 30: Produktlebenszyklus

Tritt ein Unternehmer erst in einer der späteren Phasen in den Markt ein, so kann es durchaus sein, dass die restlichen Phasen nicht mehr genügend Gewinn abwerfen.

Durch Erhaltungsmarketing oder durch Produktvariation lässt sich die Gewinnphase jedoch um eine gewisse Zeit verlängern oder sogar noch ausbauen. Es existiert eine Vielzahl von Firmen, so z. B. die Coca-Cola Company, die es geschafft hat, sich langfristig im Gewinnbereich zu etablieren.

Die Einstufung eines Produkts in eine bestimmte Phase erweist sich oft als sehr schwierig und ist zumeist erst im Nachhinein möglich. So schwanken einerseits die unterschiedlichen Produktlebenszyklen generell stark, andererseits werden sie selbst von diversen Faktoren nachhaltig beeinflusst. Zusätzlich zum individuellen, bereits erwähnten Marketing-Mix (4 Ps) müssen externe Bedingungen wie die wirtschaftlichen Rahmenbedingungen, das Investitions- und Konsumklima sowie Produktauflagen/-gesetze berücksichtigt werden.

Werden bereits existierende Geschäftsmodelle kopiert oder nachgeahmt bezeichnet man dies als → „Me-too-Geschäftsmodelle".

Me-too-Geschäftsmodelle

- Bei Me-too-Geschäftsmodellen werden bereits am Markt bestehende Geschäftsideen aufgegriffen und kopiert.
- Juristisch stellen diese Produkte jedoch kein Plagiat dar, sondern ähneln dem Originalprodukt bezüglich der Produkteigenschaften sowie dem angestrebten Kundenkreis.

Venture-Capital-Geber und Business Angels investieren fast regelmäßig nur in Ideen und Gründungen mit einer USP und nicht in Me-too-Modelle.

Eine weitere wichtige Voraussetzung für Investoren bzw. Kapitalgeber ist, dass das geplante Geschäftsfeld in einem Wachstumsmarkt liegt, da sich mittel- bis langfristig kein Unternehmen permanent gegen den Trend stemmen kann. Unternehmen können langfristig nur in Wachstumsmärkten stärker wachsen. Als wachstumsstark definiert hierbei das Kaufmann-Center of Entrepreneurial-Leadership Unternehmen mit „mehr als 30 % Umsatzwachstum und mehr als 20 % Beschäftigungszuwachs in jedem der vorangegangenen drei Jahre [...]".[69]

4.2 Skalierbarkeit des Geschäftsmodells

Kapitalgeber prüfen i. d. R. auch immer die Skalierbarkeit eines Geschäftsmodells. Mit „Skalierbarkeit" ist die Vervielfachbarkeit bzw. Multiplizierbarkeit einer Geschäftsidee mit unterproportional ansteigendem Aufwand, d. h. abnehmenden variablen Kosten gemeint. Im IT-/Medienbereich kann dies z. B. eine Internetplattform sein, die mit zunehmendem → Traffic keine oder nur geringfügig steigende Betriebskosten aufweist. Skalierbarkeit

Traffic

Im IT-/ Medienbereich wird der Datenverkehr als „Traffic" bezeichnet.

Dieser findet zwischen Computern statt, die untereinander zu einem Netzwerk verbunden sind.

[69] Dowling, Michael;Drumm, Hans-Jürgen (Hrsg.): Gründungsmanagement, Springer Verlag, Berlin/Heidelberg/New York 2002, S. 316.

Produktion eines Reisekatalogs

Zur Verdeutlichung ein Beispiel: Stellen Sie sich vor, Sie sind der Produzent eines Reisekatalogs. Das Erstellen des Katalogs erfordert einen großen Aufwand, da Sie zuerst sämtliche Angebote auswählen, prüfen und beschreiben müssen. Zusätzlich benötigen Sie entsprechende Bilder und Infomaterial für Ihre Kunden. Wenn alle relevanten Daten und Bilder beisammen und die Kataloge fertig gedruckt sind, merken Sie, dass dieser ersten Charge Ihres Produkts ein hoher Aufwand gegenübersteht. Möchten Sie infolge einer positiven Geschäftsentwicklung weitere Kataloge bei der Druckerei bestellen, so ist der entsprechende Aufwand deutlich kleiner, der Großteil der Arbeit wurde ja bereits erledigt. Gleichwohl steigt der Ertrag durch das Vergrößern der Ausbringungsmenge und der damit verbundenen größeren Anzahl an Reisebuchungen. Sie können Ihr Produkt, den „ersten" Katalog, nun multiplikativ zum Einsatz bringen. Es lässt sich eine sog. Kostendegression feststellen (s. o.).

Oft kann es sich auch um Produktgeschäfte und keine reinen Dienstleistungsgeschäfte handeln, da hier die Skalierbarkeit meist größer ist. Skalierbare Geschäftsmodelle haben deshalb häufig einen höheren Finanzierungsbedarf für den Markteintritt, können allerdings nach einer erfolgreichen Etablierung leichter attraktive Kapitalrenditen ermöglichen, als das bei einem reinen Dienstleistungsmodell der Fall ist. Dies ist auch der Grund, wieso reine Dienstleister eher in Ausnahmefällen eine Finanzierung mit Risikokapital (Eigenkapital) in Betracht ziehen.

Entwicklungsfähigkeit

Die Skalierbarkeit ist von der Entwicklungsfähigkeit eines Unternehmens zu unterscheiden. Diese beschreibt die Möglichkeit, die Geschäftsidee auf andere Bereiche/Branchen zu übertragen und damit die Nutzungs- und Vermarktungsmöglichkeiten zu intensivieren. In das Zentrum der Überlegungen rückt dabei die Frage, wie und wo man mit der Produktidee noch aktiv werden kann.

Die Entwicklungsfähigkeit ist insbesondere für mögliche Kapitalgeber relevant, da sich hieraus Renditeperspektiven ableiten lassen. Sie orientiert sich im Gegensatz zur Skalierbarkeit eines Geschäftsmodells eher an der Einnahmeseite des Unternehmens und versucht, weitere Erlösquellen für die Geschäftsidee aufzuzeigen.

5 Präsentation des Businessplans

Ein schriftlich erstellter Businessplan dient nicht nur internen und externen Adressaten als Orientierungs- und Kontrollinstrument, sondern spielt auch bei der Kapitalbeschaffung eine entscheidende Rolle. Da ein Businessplan alle unternehmensrelevanten Kennzahlen und Informationen besitzt, eignet er sich optimal als Grundlage für die Erstellung einer Präsentation der Geschäftsidee. In diesem Zusammenhang ist es wichtig, dass bei der Präsentation des Businessplans einige Dinge beachtet werden. Im nachfolgenden Kapitel erfahren Sie, wie Sie aus einem Businessplan eine überzeugende Präsentation formen.

Unter einer Präsentation wird dabei der mündliche Vortrag einer oder mehrerer Personen verstanden, bei dem einem Publikum bestimmte Inhalte in strukturierter Form unter Verwendung visueller (und ggf. auditiver) Hilfsmittel dargeboten werden. Häufig werden neben Powerpoint-Präsentationen auch Tageslichtprojektoren, Flipcharts oder Wandtafeln verwendet.

5.1 Grundlagen einer Präsentation

Auf die Zielgruppe ausrichten

Grundlegend sind bei einer Präsentation einige Dinge zu beachten. Zum einen sollte eine Präsentation immer auf die Zielgruppe ausgerichtet sein. Wird beispielsweise ein Expertenkreis angesprochen, kann möglicherweise auf Definitionen von Fachbegriffen verzichtet werden. Das Publikum ist mit diesen Begriffen ohnehin vertraut und würde sich bei einer ausgiebigen Erläuterung nur langweilen. Handelt es sich beim Auditorium hingegen um Fachfremde, dürfen Fachbegriffserläuterungen auf keinen Fall fehlen. Andernfalls fehlt dem Publikum das Verständnis und es wird der Präsentation nicht weiter folgen können oder wollen.

Grundstruktur

Prinzipiell sollte eine Präsentation immer über folgenden groben Aufbau verfügen.

- Einleitung
- Hauptteil
- Schluss

In der Einleitung werden die Zuhörer begrüßt und neben dem/den Referenten auch das Thema, der Aufbau und der Inhalt kurz dargestellt. Anschließend werden im Hauptteil dem Zuhörer Informationen sowie entsprechende Argumente nähergebracht. Abschließend sollten die wichtigsten Kernpunkte noch einmal wiederholt und das Publikum verabschiedet werden. Dabei sollte die Einleitung ungefähr 15 %, der Hauptteil 75 % und der Schluss die letzten 10 % des Gesamtvolumens einnehmen.

Kurz und prägnant

Ein weiterer relevanter Punkt ist, dass die Präsentationsfolien nicht zu viel Text enthalten. Durch wenig Text und klare Überschriften können dem Zuhörer die relevanten Informationen kurz und prägnant vermittelt werden.

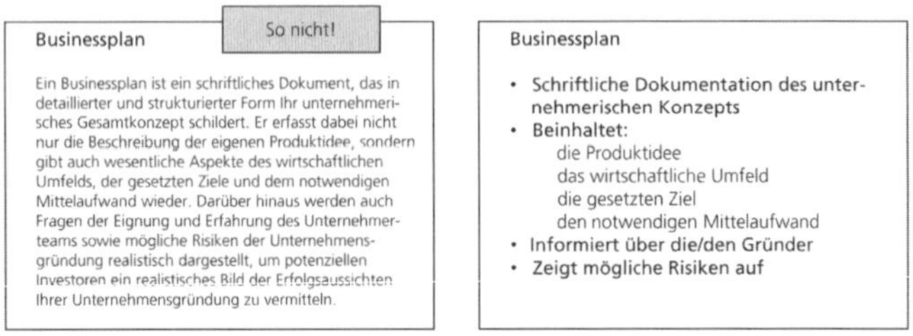

Abbildung 31: Informationsfülle der Präsentation

Dies ist insoweit wichtig, als die Präsentation nicht als reines Lesemedium gedacht ist, sondern den Vortragenden bei seinen Erläuterungen unterstützen soll. Je mehr Information dem Zuhörer zugemutet wird, desto weniger wird dieser aufnehmen und verinnerlichen. Plastisch wird dies oft mit einem Tennisball verglichen. Wirft man jemandem einen Tennisball zu, wird er diesen normalerweise ohne Probleme fangen. Wirft man der Person jedoch 20 Tennisbälle gleichzeitig zu, wird sie meistens keinen davon fangen können.

Klare Struktur

Auch sollte die Präsentation eine für den Zuhörer klare Struktur aufweisen. Dabei ist es wichtig, die Gliederung der Präsentation ohne Lücken und für den Zuhörer verständlich darzustellen. Besonderes Augenmerk sollte dabei auf die Schriftgröße verwendet werden. Schriftgröße 10 lässt sich zwar zu Hause am PC sehr gut lesen, ist jedoch für eine Präsentation völlig ungeeignet. Sie sollten deshalb die Schrift so groß wie möglich darstellen.

Hintergrund und Farbwahl

Zudem müssen bei der Ausgestaltung der Präsentationsfolien einige Dinge berücksichtigt werden. Grundlegend sollten Sie eine einheitliche Hintergrundgestaltung wählen, um den Zuhörer nicht durch ständig wechselnde optische Reize zu verwirren. Außerdem ist die Farbwahl von großer Bedeutung. Wählen Sie beispielsweise eine helle Hintergrundfarbe und kombinieren sie mit einer hellen Schriftfarbe, fällt es dem Zuhörer sehr schwer bzw. ist es ihm unmöglich, die dargestellten Präsentationspunkte zu lesen. Dies gilt auch für eine dunkle Schriftfarbe auf einem dunklen Hintergrund wie Abbildung 32 zeigt.

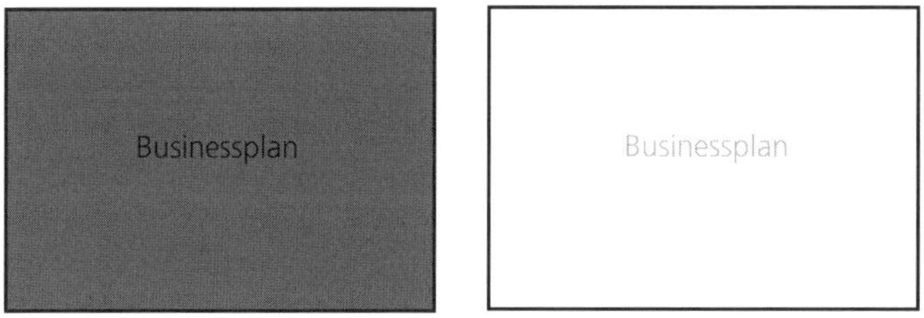

Abbildung 32: Schwacher Farbkontrast

Hell-dunkel-Kombination

Bei der Farbwahl sollten Sie deshalb immer eine Hell-dunkel-Kombination bevorzugen. Der extremste Fall einer solchen Kontrastwahl wurde mithilfe von schwarz und weiß in Abbildung 33 dargestellt.

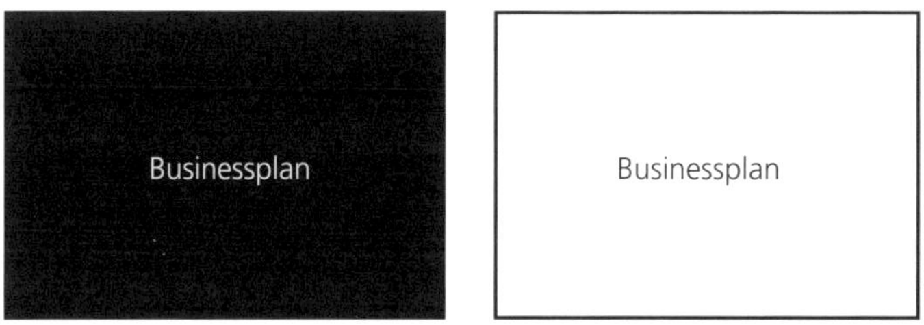

Abbildung 33: Starker Farbkontrast

Dezente Farben

Auch sollten Farben nur dezent und nicht übertrieben verwendet werden. Dadurch fällt es dem Zuhörer leichter, sich auf die wesentlichen Inhalte der Präsentation zu konzentrieren. Zusätzlich wirkt je nach Publikum eine zu bunte Präsentation oft unseriös und/oder unprofessionell. Diesbezüglich offenbart die linke Folie der Abbildung 34 nicht nur einen übertriebenen Farbeinsatz, sondern zeigt auch noch einmal, dass bei einer falschen Farbkontrastwahl einzelne Buchstaben für den Zuhörer unlesbar sind. Die rechte Folie hingegen wirkt trotz Farbeinsatzes weiterhin seriös und der Zuhörer hat durch den Hell-dunkel-Kontrast keine Probleme, das Wort „Businessplan" zu lesen.

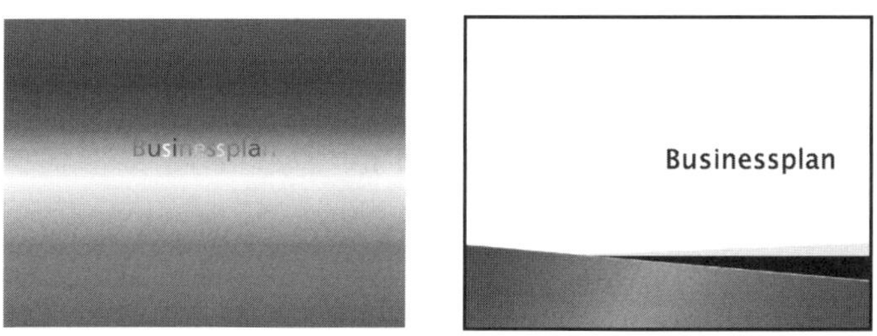

Abbildung 34: Farbwahl

Optische Spielereien

Auch optische Spielereien, wie beispielsweise das Einfliegen einzelner Punkte, sollten Sie nur dezent einsetzen. Auch hier besteht ansonsten die Gefahr, dass der Zuhörer einer Reizüberflutung ausgesetzt wird und sich dementsprechend weniger auf die relevanten Inhalte konzentriert. Stimmen Sie die Präsentation sowohl inhaltlich als auch optisch immer auf den Anlass und auf das anzusprechende Publikum ab.

5.2 Vortragen der Präsentation

Mindestens genauso wichtig wie das Erstellen der Präsentation ist es, diese vorzutragen. Dabei sind in erster Linie folgende Wirkungsfaktoren relevant: Neben der Körperhaltung, die laut Studien mit ca. 50 % am wichtigsten ist, spielt vor allem auch die Stimme mit ca. 35 % eine entscheidende Rolle. Besonders auffällig ist, dass der Inhalt laut Studie mit ca. 7 % eher nebensächlich ist.

Die Körperhaltung

Stellen Sie sich aufrecht hin und Ihre Beine etwa hüftbreit auseinander. Dies zeugt von Selbstvertrauen und lässt Sie größer wirken. Ein allzu breitbeiniges Stehen wird jedoch eher als Droh- bzw. Machosignal aufgefasst und sollte deshalb vermieden werden. Stehen Sie hingegen mit geschlossenen Beinen vor Ihrem Publikum, wirkt dies eher unsicher und unterwürfig.

Blickkontakt

Bauen Sie außerdem durch Blickkontakt und ein Lächeln eine Beziehung zu Ihrem Publikum auf. Zusätzlich sollten Sie, je nach Zweck des Vortrags, das Publikum mit einbinden. Oft bietet es sich an, mit Gesten und Mimik den gesprochenen Worten Nachdruck zu verleihen. Dabei sollte das monotone Verwenden einer Geste vermieden werden. Auch nervöses „Herumzappeln" wird eher negativ aufgefasst. Verwenden Sie Gesten deshalb ruhig und dezent. Am besten üben Sie diese zu Hause vor einem Spiegel.

Grundlegend gilt jedoch: Je besser Sie auf einen Vortrag vorbereitet sind, desto ruhiger werden Sie und desto einfacher ist es, den Inhalt zu präsentieren.

Die Stimme

Tempo und Lautstärke

Genau wie Ihre Körperhaltung sollten Sie auch Ihre Stimme ruhig und zielgerichtet einsetzen. Besonders wichtig ist dabei, dass Sie laut und deutlich und im richtigen Sprechtempo vortragen. Sprechen Sie zu leise, werden Sie zum einen nicht richtig verstanden und zum anderen zeugt eine leise Stimme von Unsicherheit. Zu schnelles Sprechen erzeugt neben Verständnisschwierigkeiten beim Zuhörer schnell den Eindruck von übergroßer Nervosität. Vermeiden Sie ebenso zu lautes Sprechen. Neben der Lautstärke sollten Sie auch besonderen Wert auf die Betonung legen. Je monotoner Sie sprechen, desto schwieriger ist es für den Zuhörer zu folgen. Arbeiten Sie neben Stimmmodulation auch mit Betonungen und Sprechpausen.

Der Inhalt

Klare Argumentation

Der Inhalt sollte klar und verständlich kommuniziert und zielgerichtet mit entscheidenden Argumenten dargelegt werden. Die in Ihrer Präsentation enthaltenen Fakten sollten an Ihren Businessplan adaptiert sein und sich durch eine sinnvolle Struktur auszeichnen. Mit diesen Fakten und Informationen dürfen Sie Ihre Zuhörer jedoch keinesfalls „überfluten", also präsentieren Sie nicht zu viele Daten auf einmal! Der Zuhörer sollte während des Vortrags die Möglichkeit haben mitzudenken. Vermeiden Sie daher komplizierte Fachbegriffe. Sollte dies nicht möglich sein, ist es wichtig, diese fachspezifischen Begriffe zu erläutern. Vor allem sollten Sie den Inhalt frei vortragen. Auf diese Weise können Sie den im Punkt „Körperhaltung" angesprochenen Blickkontakt zum Publikum wahren.

Außerdem hat es sich als sehr erfolgreich erwiesen, alle Präsentationsfolien sowohl mit Seitenzahlen als auch mit geeigneten Überschriften zu versehen, da dies die Orientierung in Ihrem Vortrag erheblich erleichtert.

Vermeiden Sie ein Zuviel an Inhalt pro Seite/Folie. Es ist besser, große Passagen auf mehrere Folien aufzuteilen, als die Zuschauer mit einer Masse an dichtgedrängten Informationen zu „erschlagen". Es gilt die Devise: „Weniger ist oft mehr!".

Der Einstieg ist entscheidend

Abschließend zu diesem Punkt noch ein kleiner, aber sehr wichtiger Tipp: Überlegen Sie sich einen geeigneten Einstieg für Ihre Ausführungen. Der Beginn Ihres Vortrags ist der Schlüssel zur Aufmerksamkeit Ihrer Zuhörer! Der Zuhörer, der zu diesem Zeitpunkt des Vortrags vom Referenten nicht „abgeholt" wird, wird dem restlichen Vortrag auch nur schwer folgen (wollen). Gleichzeitig reduziert ein guter Einstieg das Lampenfieber des Vortragenden ganz erheblich. Prägen Sie sich die ersten Sätze Ihrer Präsentation also besonders intensiv ein!

Nur wer über ausreichende Sicherheit in seiner Performance verfügt, kann andere von sich und seinen Ideen überzeugen.

5.3 Einsatz der Präsentation

Zu guter Letzt ist neben der Erstellung und der Art und Weise, wie Sie die Präsentation vortragen, auch entscheidend, dass Sie diese inhaltlich und optisch gezielt auf das Publikum zuschneiden. Präsentieren Sie Ihre Geschäftsidee beispielsweise bei einer Bank, sollten Sie sehr darauf achten, dass Fakten und Kennzahlen im Vordergrund stehen. Eine optisch perfekt aufgearbeitete Präsentation wird den Bankangestellten nicht besonders beeindrucken. Diesen interessiert mehr, ob der gewährte Kredit auch zurückgezahlt werden kann. Gerade hier kann ein unseriöser Auftritt schnell zu einem negativen Ergebnis bzgl. der Kapitalgewährung führen.

Flexibilität

Betrachtet man den generellen Ablauf von Bankgesprächen, stellt man fest, dass sie immer nach einem ähnlichen Schema ablaufen. Nach anfänglichem Kennenlernen des Gesprächspartners wird im Allgemeinen die Gründungsidee präsentiert. Dabei stehen nur teilweise Hilfsmittel zur Verfügung. Flexibilität, was die Art der Präsentation anbetrifft, steht somit im Vordergrund. Dennoch sollten Sie ein zu improvisiertes Auftreten vermeiden. Schließlich müssen Sie die Bank davon überzeugen, dass Sie die bereitgestellten Mittel auch entsprechend umsichtig verwenden und anschließend samt Zinsen zurückführen können.

Am besten üben Sie zu Hause vor dem Spiegel oder tragen Ihre Präsentation Freunden vor. Durch die zusätzlichen Anmerkungen von Bekannten können Sie zum einen die Qualität der Präsentation verbessern und zum anderen werden Sie durch das ständige Üben automatisch sicherer und selbstbewusster. Zudem können Sie dadurch erfahren, ob nicht in die Thematik involvierte Personen ohne größere Probleme der Geschäftsidee folgen können. Schließlich sollten Sie immer bedenken, dass der Kapitalgeber weder in eine Idee, die er nicht versteht, noch in einen Gründer, der seine Idee nicht verkaufen kann, investieren wird. Anschließend an die Präsentation werden in der Regel noch ausstehende Fragen geklärt und einzelne Punkte vertieft. Haben Sie die Bank bzw. den Kapitalgeber erst einmal mit Ihrer Präsentation überzeugt, steht einer Ausarbeitung der entsprechenden Finanzierung nichts mehr im Weg. Normalerweise werden im Zuge dessen auch gleich mögliche Fördermittel geprüft und Ihnen eventuell weitere Produkte der Bank vorgestellt, die für Ihr Vorhaben von Nutzen sein könnten.

6 Praxistipps zur Unternehmensgründung

„Wir sind gleichsam Zwerge, die auf den Schultern von Riesen sitzen, um mehr und Entfernteres als diese sehen zu können – freilich nicht dank eigener scharfer Sehkraft oder Körpergröße, sondern weil die Größe der Riesen uns zur Hilfe kommt und uns emporhebt."

Bernhard von Chartres, Philosoph

6.1 Beratung im Gründungsprozess

Beratungsleistungen können in allen Entwicklungsstufen eines Unternehmens sinnvoll und wertstiftend sein. Besonders in der Gründungs- und Aufbauphase eines jungen Unternehmens/Geschäftsbereichs können sie wettbewerbsentscheidende Faktoren sein. Gründer brauchen spezifische Beratung. Hierbei sind spezielle Kenntnisse und Kompetenzen erforderlich, die nicht jeder Berater mitbringt. Die verschiedenen Beratungsarten mit den notwendigen Kompetenzen sind im Folgenden dargestellt.

Allgemeine Gründungsberatung

Unter der „allgemeinen Gründungsberatung" versteht man eine Art „General-Management-Beratung" für die Gründungsphase. Dies impliziert Beratungsthemen insbesondere zu Formalien, Rechtsform, Finanzierung und Marketing. Je nach Berater werden die Schwerpunkte meist sehr unterschiedlich gesetzt. Hier kann es auch sinnvoll sein, sich mit unterschiedlichen Personen zu den Problemen im Gründungsprozess zu unterhalten. Ein guter Gründungsberater bzw. Gründercoach wird auch mit Kollegen aus anderen Bereichen kooperieren bzw. zusammenarbeiten, um evtl. eigene Schwächen zu kompensieren.

Steuerberatung

Bei der Gründung ist die steuerliche Betrachtung von Anfang an mit einzubeziehen, da eine spätere Anpassung an steuerliche Gegebenheiten oft schwierig oder sogar unmöglich ist. Konkret sind dabei der Sitz des Unternehmens, die Rechtsform, die Beteiligungs- und Finanzierungsform zu nennen. Bei einer GmbH sind beispielsweise die Körperschaftsteuer, die Gewerbesteuer, die Umsatzsteuer (USt) sowie die Lohnsteuer zu berücksichtigen. Auch Grunderwerbsteuer sowie die Abgeltungsteuer können eventuell eine entscheidende Rolle spielen. Dabei entspricht die Körperschaftsteuer der Einkommensteuer natürlicher Personen. Das bedeutet, dass Unternehmen anstelle der Einkommensteuer die Körperschaftsteuer an das Finanzamt abführen müssen. Aktuell beträgt der Körperschaftsteuersatz 15 % und wird auf den Unternehmensgewinn angewendet.

Gewerbesteuer

Die Gewerbesteuer ist im internationalen Vergleich eine Ausnahmeerscheinung. Sie fällt laut Gesetz bei jedem an, der ein Gewerbe betreibt. Laut Definition ist ein Gewerbe „jede erlaubte, selbstständige, nach außen erkennbare Tätigkeit, die planmäßig, für eine gewisse Dauer und zum Zwecke der Gewinnerzielung ausgeübt wird und kein ‚freier Beruf' ist."[70] Hierbei handelt es sich um eine Steuer, die die objektive Ertragskraft einer Unternehmung besteuern soll. Grundsätzlich stellen Steuern laut Definition niemals eine Gegenleistung für das Bereitstellen einer bestimmten staatlichen Leistung dar. Demgegenüber wird jedoch meist bei der Gewerbesteuer argumentiert, dass diese für die Bereitstellung der benötigten Infrastruktur durch die Gemeinde gedacht sei. Als Berechnungsgrundlage wird auch hier der Gewinn des Unternehmens herangezogen; jedoch wird durch einige Hinzurechnungen und Kürzungen versucht, eine objektive Ertragsbewertung des Unternehmens darzustellen. Aufgrund der Tatsache, dass es sich bei der Gewerbesteuer um eine Gemeindesteuer handelt und somit der Steuersatz je nach Gemeinde unterschiedlich ist, kann keine allgemeine Aussage über die Höhe dieser Steuer gemacht werden. Im Gegensatz zu Personengesellschaften, bei denen ein Freibetrag in Höhe von 24.500 € gewährt wird, muss eine Kapitalgesellschaft, zu der auch die GmbH gehört, bereits den ersten Cent voll versteuern.

Umsatzsteuer

Die Umsatzsteuer ist eine Steuer, die den Austausch von Leistungen besteuert; sie ist im Gegensatz zur Gewerbesteuer eine indirekte Steuer. Das bedeutet, dass Steuerschuldner und Steuerpflichtiger nicht identisch sind. In Deutschland liegt der gegenwärtige normale Umsatzsteuersatz bei 19 % und der ermäßigte Steuersatz bei 7 %. Der ermäßigte Steuersatz wird beispielsweise auf Lebensmittel, Bücher und lebende Tiere angewandt. Eine ausführliche Liste kann unter http://bundesrecht.juris.de/ustg_1980/anlage_2_82.html eingesehen werden. Umgesetzt wird die Umsatzsteuer, die umgangssprachlich auch als „Mehrwertsteuer" bezeichnet wird, mithilfe des Allphasen-Netto-Umsatzsteuerverfahrens mit Vorsteuerabzug. In diesem Modell ist eine Besteuerung in jeder Phase („Allphasen") der Wertschöpfungskette vorgesehen. Durch die Möglichkeit, die Vorsteuer abzuziehen, wird erreicht, dass nur die tatsächliche Schöpfung des Mehrwerts effektiv besteuert wird. Als Bemessungsgrundlage dient der Umsatzsteuer der Nettobetrag einer Ware oder Dienstleistung. Beispielsweise wird bei einem Kaufpreis von 100 € netto eine Umsatzsteuerzahlung in Höhe von 19 € fällig. Dies entspricht dem normalen Umsatzsteuersatz in Höhe von 19 % (0,19 × 100 €). Der Endverbraucher muss also einen Betrag in Höhe von 119 € (100 € Kaufpreis + 19 € Umsatzsteuer) entrichten. Etwas komplizierter ist hingegen der Vorsteuerabzug. Dieser Vorgang wird mithilfe von Abbildung 35 erläutert.

---

70 http://de.wikipedia.org/wiki/Gewerbebetrieb, abgerufen am 31.07.2009.

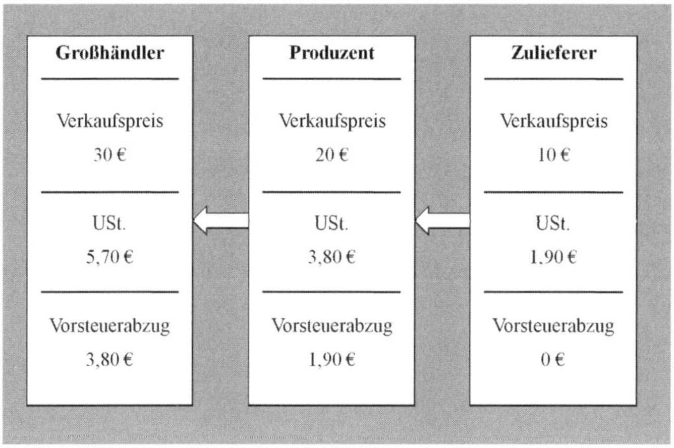

Abbildung 35: Vorsteuerabzug

Vorsteuerabzug

Wie in Abbildung 35 gezeigt, wird eine Ware im Wert von 10 € erstellt und von einem Zulieferer an einen Produzenten verkauft, dieser muss also 11,90 € bezahlen. Dieser Betrag setzt sich aus 10 € Kaufpreis und 1,90 € Steuerlast zusammen (19 %). Verkauft der Produzent nun die Ware für einen Preis in Höhe von 20 € weiter an einen Großhändler, so muss dieser 23,80 € bezahlen. Dieser Betrag setzt sich nun aus dem Kaufpreis in Höhe von 20 € und 19 % Umsatzsteuer zusammen. Eigentlich müsste der Produzent nun die Steuerlast in Höhe von 3,80 € an das Finanzamt abführen. Da dieser jedoch vorsteuerabzugsberechtigt ist und bereits 1,90 € abgeführt hat, kann er den Betrag gegenrechnen. Das Gleiche gilt für den Großhändler. Angenommen, dieser verkauft das Produkt für 30 € weiter an einen Einzelhändler, so muss der Einzelhändler einen Betrag in Höhe von 35,70 € bezahlen. Der Großhändler müsste somit die Umsatzsteuer in Höhe von 5,70 € abführen. Da jedoch auch er vorsteuerabzugsberechtigt ist, kann er die bereits entrichtete Umsatzsteuer abziehen und muss somit nur einen Betrag in Höhe von 1,90 € an das Finanzamt abführen. Dadurch wird bei allen Berechnungs-„Phasen" gewährt, dass nur der entstandene Mehrwert (in diesem Beispiel jeweils 10 €) belastet wird.

Lohnsteuer

Da die GmbH, mit Ausnahme der Ein-Personen-GmbH, auch über Angestellte verfügt, muss sie neben den bisher erwähnten Steuern auch Lohnsteuer an das Finanzamt abführen. Die Lohnsteuer ist keine selbstständige Steuer, sondern eine spezielle Erhebungsform der Einkommensteuer bei Einkünften aus nicht selbstständiger Arbeit. Die Höhe der zu entrichtenden Lohnsteuer hängt von der jeweiligen Steuerklasse ab, in der sich der Angestellte befindet.

Grunderwerbsteuer

Die Grunderwerbsteuer wird nur fällig, wenn ein Grundstück gekauft oder verkauft wird. Der Grunderwerbsteuersatz liegt grundsätzlich bei 3,5 %, darf jedoch seit dem 01.09.2006 von den Bundesländern selbst festgelegt werden.

Die Bemessungsgrundlage der Steuer wird durch die Gegenleistung bestimmt. Hierzu zählen jedoch nicht nur der Kaufpreis, sondern z. B. auch schuldrechtlich übernommene Darlehensverbindlichkeiten oder dem Käufer vorenthaltene Nutzungen. Steuerschuldner sind sowohl der Käufer als auch der Verkäufer. Das Finanzamt richtet sich aber in erster Linie an denjenigen, der vertraglich zur Zahlung der Grunderwerbsteuer verpflichtet wurde.

Abgeltungsteuer

Letztendlich besteht noch die Möglichkeit, dass die Abgeltungsteuer anfällt. Diese ersetzt seit dem 31.12.2008 die Kapitalertragsteuer und fällt z. B. bei Dividenden, Zinsen und Gewinnausschüttungen aus stillen Beteiligungen an.

Allein durch diese kurze Übersicht lässt sich die Komplexität der Steuerthematik erahnen. Eine gründliche Analyse vor oder kurz nach der Gründung kann Ihnen deshalb viel Ärger und bürokratische Hemmnisse ersparen. Einige Steuerberater sind speziell auf Gründer spezialisiert und können auch Hilfestellung zu angrenzenden Themen wie Fördermittelbeschaffung oder Finanzierungsthemen geben. Besonders problematisch ist die Behandlung von grenzüberschreitenden Steuerthemen. Hier bietet es sich an, sich an einen Steuerberater zu wenden, der sich auf internationale Steuerfragen spezialisiert hat.

Rechtsberatung

Die Auswahl der Rechtsform ist ein weiterer wichtiger Aspekt, um die Gründer aufgrund von Haftungsrisiken und Finanzierungsmöglichkeiten nicht von vornherein zu beschränken. Gleichzeitig sind Weiterentwicklungsmöglichkeiten bzgl. der Finanzierung nicht unabhängig von der Rechtsform. Steuerliche Aspekte werden meist vom Steuerberater betrachtet, was einen Austausch zwischen Rechtsanwalt und Steuerberater notwendig macht. Oft kann aber auch ein unbürokratischer Start in Form eines Einzelunternehmens sinnvoll sein, um die Gründer nicht mit gesetzlichen Regularien zu überlasten. Ein kompetenter Rechtsberater wird die verschiedenen Einflüsse entsprechend zu gewichten wissen, um so eine adäquate Auswahl treffen zu können.

Finanzberatung

Hilfe bei Krediten und Förderungen

Junge Unternehmen haben fast immer einen negativen Cashflow. Dieser hat einen signifikanten Kapitalbedarf zur Folge. Da Gründer bzw. junge Unternehmen meist über keine (ausreichenden) Sicherheiten verfügen und auch auf keine Historie des Unternehmens verweisen können, sind herkömmliche Kredite bei Banken nur schwer zu bekommen. Bei der entsprechenden Strukturierung einer geeigneten Finanzierung kann hier ein Finanzierungsberater im Gründungsbereich behilflich sein. Welche → Fördermittel und sonstige Hilfen hierbei infrage kommen, wird in Kapitel 6.3 dargestellt.

Fördermittel

- Bei Fördermitteln handelt es sich in der Regel um finanzielle Mittel, die verwendet werden, um in einen Markt einzugreifen.
- In der Regel verfolgt eine finanzielle Förderung (wirtschafts)politische Ziele.

6.2 Gründerberater – Wie finde ich den richtigen Berater und Coach?

Anforderungen?

Bei der Suche bzw. der Auswahl des Coachs stellt sich vorab die Frage der notwendigen Anforderungen an einen Berater bzw. Coach. Gleichzeitig unterscheidet man im Rahmen einer gründungsbegleitenden Tätigkeit zwischen einer → Beratung und einem → Coaching.

Beratung

„Beratung" bedeutet, jemandem durch ein strukturiertes Gespräch mit helfender Absicht Ratschläge zu erteilen.

Oft wird auch eine praktische Anleitung geliefert, wie der zu Beratende ein Problem lösen kann.

Coaching

Im Gegensatz zur Beratung wird beim Coaching die Selbstreflexion durch eine lösungs- und zielorientierte Begleitung gefördert.

Der Coach hilft seinem Schützling interaktiv bei der Lösung von Problemen.

Während der Begriff „Beratung" allgemeiner und übergreifender benutzt wird, versteht man unter Coaching eine spezielle Beratungsform, welche eine Kombination aus individueller, unterstützender Problembewältigung und persönlicher Beratung im Rahmen von unterschiedlichen Prozessen darstellt. Auf eine detailliertere Betrachtung von verschiedenen Coachingvarianten soll hierzu an andere Stelle verwiesen werden.[71]

Kompetenzen des Beraters

Berater und Coachs sollten einige grundsätzliche Anforderungen erfüllen, um den Gründungsprozess begleiten zu können. Hierzu zählen neben psychosozialen Kompetenzen (organisationspsychologische Kenntnisse, diagnostisches Wissen, Erfahrungen im Umgang mit verschiedenen Kommunikationstechniken, soziale Kompetenz, realistische Selbsteinschätzung) und Fach- und Methodenkompetenz (betriebswirtschaftliche Kenntnisse, Kenntnis von unterschiedlichen Führungskonzepten, Kenntnisse und Erfahrungen im betrieblichen Umfeld) auch Erfahrungskompetenz und Persönlichkeit (Selbst- und Lebenserfahrung,

71 Vgl. hierzu u. a. Koch, Zacharias: Gründungsmanagement mit Aufgaben und Lösungen; Oldenbourg Verlag, München/Wien 2001, S. 405 ff.

Berufs-/Beratungserfahrung, Glaubwürdigkeit und Standfestigkeit, Empathie, Verschwiegenheit).[72]

Nach Klärung einiger spezieller Anforderungen an Gründungsberater und Coachs stellt sich nun die Frage, wie Sie diese Berater finden.

Hierzu gibt es mehrere Möglichkeiten:

Empfehlungen von anderen Gründern

Als Gründer bewegen Sie sich sicherlich oft im Gründerumfeld und können sich somit informell mit anderen Gründern austauschen. Dies kann um einiges wertvoller sein als irgendwelche Redaktionsberichte oder gar Zeitungsanzeigen. Dadurch sind Sie in der Lage, unseriöse Beratungsangebote zu umgehen, und haben die Möglichkeit, Ihre individuellen Fragen zu klären. Gründerkollegen werden sich im persönlichen Vieraugengespräch in der Regel mit einer unzensierten Beurteilung weniger zurückhalten als bei einer öffentlichen Einschätzung und/oder Beurteilung. Sollten Sie schon einen Berater oder Coach konkret im Auge haben, lassen Sie sich Referenzen geben und prüfen Sie diese Referenzen auch nach, am besten in Form eines persönlichen Gesprächs.

Verzeichnisse von Beratern und Coachs

Sollten Sie keine Empfehlungen von Gründerkollegen erhalten und auch keinen Berater/Coach persönlich kennen, bleiben Ihnen einige Datenbanken, welche zuverlässig und kostenfrei seriöse Informationen über Berater zur Verfügung stellen.

KfW

An erster Stelle soll hier die Kreditanstalt für Wiederaufbau (KfW) genannt werden, die über eine eigene Plattform mit registrierten Beratern verfügt. Bei der KfW-Beraterbörse (www.kfw-beraterboerse.de) können Sie Berater und Coachs finden, die die entsprechenden Anforderungen erfüllen. Dies mussten die Berater durch hinreichende Referenzen belegen, um in die Datenbank aufgenommen zu werden.

Auf die Nennung weiterer Plattformen soll an dieser Stelle verzichtet werden, da diese Plattformen meist erheblich weniger Berater aufzuweisen haben.

Öffentliche Anlaufstellen

Schließlich bieten sich noch öffentliche und halb öffentliche Stellen an, die ggf. auch Kontakt zu Beratern herstellen können. Hierzu zählen beispielsweise Hochschulen und IHKs.

---

72 Vgl. hierzu u. a. Koch, Zacharias: Gründungsmanagement mit Aufgaben und Lösungen; Oldenbourg Verlag, München/Wien 2001, S. 412 f.

6.3 Förderprogramme

Neben Tipps und Tricks sind angehende Unternehmer auch auf finanzielle Unterstützung angewiesen. Insbesondere öffentliche Fördermittel stellen häufig eine nicht zu unterschätzende Komponente dar. Der Gründer kann mithilfe öffentlicher finanzieller Unterstützung nicht nur sein Budget in Bezug auf Beratungskosten schonen, sondern ist sogar in der Lage, gerade in der am Anfang besonders kostenintensiven und umsatzschwachen Zeit finanzielle Unterstützung in Form von Gründungszuschuss zu erhalten.

6.3.1 Beratungs- und Coachingzuschüsse bei Neugründung

Existenzgründer können sich in Form von Beratung und Coaching bei (fast) allen Themenbereichen unterstützen lassen. Hierfür stehen EU-, Bundes- und Landesmittel zur Verfügung.

Exemplarisch sollen folgende Anlaufstellen genannt werden:

- Industrie- und Handelskammer (IHK)
- Institut für Freie Berufe (IFB)
- Handwerkskammer (HWK)
- Bundesamt für Wirtschaft und Ausfuhrkontrolle (BAFA)

Aufgrund der Tatsache, dass es je nach Region unterschiedliche Fördermöglichkeiten gibt, werden nun exemplarisch einige herausgegriffen.

Die IHK München bietet beispielsweise folgende Förderprogramme für Coachings an:

Vorgründungs- und Nachfolgecoaching (Beispiel Bundesland Bayern)

Das Vorgründungs- bzw. Nachfolgecoaching kann jeder, der in Bayern wohnt und ein Gewerbe in Bayern im Vollerwerb gründet oder übernehmen möchte, in Anspruch nehmen. Durch die Förderung werden 70 % des Beratungshonorars (netto) des Coachs übernommen. Der Zuschuss darf jedoch 560 € pro Tag nicht überschreiten. Bei einem Tagessatz eines Beraters in Höhe von 1.000 € werden somit nicht 700 € (70 % von 1.000 €) sondern nur 560 € übernommen. Die Anzahl der förderfähigen Tage ist auf zehn begrenzt.

Antrag bei der IHK

Um diesen Zuschuss zu bekommen, müssen Sie zunächst Kontakt mit der IHK aufnehmen. Nach anschließender Auswahl des Coachs stellen Sie einen Antrag mit Lebenslauf, Geschäftsplan und einer genauen Beschreibung der Coachingmaßnahme(n) bei der IHK. Nach positiver Prüfung durch die IHK erhalten Sie einen Genehmigungsbescheid mit genauer Angabe, wie viel Tage förderfähig sind. Erst dann darf das Coaching begonnen werden, andernfalls entfällt der Anspruch auf den Coachingzuschuss. Nachdem Sie die Beratung vorfinanziert haben, können Sie die Kostenerstattung mithilfe der Originalrechnung, dem Original des Kontoauszugs und den Abschlussberichten beantragen. Kein Anspruch auf Förderung besteht allerdings, wenn Sie bisher schon im Haupterwerb selbstständig sind. Zusätzlich dürfen Sie zum Zeitpunkt der Antragstellung noch kein Gewerbe angemeldet und einen Gesellschaftervertrag noch nicht abgeschlossen haben. Beachten Sie auch, dass Coachings, die sich auf die Einarbeitung in EDV-Programme sowie überwiegend auf Rechts-, Versicherungs- und Steuerfragen oder gutachterliche Stellungnahmen beziehen, nicht förderfähig sind.[73]

Gründercoaching aus der Arbeitslosigkeit (90 %)

Formalia beachten!

Im Gegensatz zum Vorgründungscoaching kann das Gründungscoaching aus der Arbeitslosigkeit, wie der Name schon sagt, nur von Existenzgründern, die zum Gründungszeitpunkt arbeitslos gemeldet sind, in Anspruch genommen werden. Dafür erhöht sich der förderfähige Betrag von 70 % (Vorgründungscoaching) auf 90 %. Dies ermöglicht dem angehenden Firmenchef, trotz geringen Budgets eine intensive Betreuung zu betriebswirtschaftlichen Themen zu erhalten. Beim Gründungscoaching aus der Arbeitslosigkeit muss das Coaching zwölf Monate nach Gründung des Unternehmens absolviert werden. Ausschlaggebend für den Gründungszeitpunkt sind die Gewerbeanmeldung, der Handelsregistereintrag bzw. der Bescheid zum Gründungszuschuss, Einstiegsgeld etc. Weiterhin muss das Unternehmen die europäische Definition für kleine und mittelständische Unternehmen erfüllen. Der Firmensitz muss sich in Deutschland befinden und die Tätigkeit muss auf eine Vollexistenz ausgerichtet sein. Auch muss der Gründer eine der folgenden Leistungen bewilligt bekommen haben:

- Gründerzuschuss (§ 57 SGB III)
- Einstiegsgeld (§ 16 b SGB II und § 29 SGB II)
- Regelleistungen zur Sicherung des Lebensunterhalts (§ 20 SGB II)
- Leistungen zur Eingliederung von Selbstständigen (§ 16 c SGB II)
- Sonstige weitere Leistungen zur Aufnahme einer selbstständigen Tätigkeit (§ 16 Abs. 2 Satz 1 SGB II)

Die Förderhöhe beträgt, wie bereits erwähnt, 90 % des Beratungshonorars des Coachs. Auch hier liegt der maximal förderfähige Betrag bei 800 € netto pro Tagwerk (acht Stunden pro Tag). Insgesamt darf eine Bemessungsgrundlage von 4.000 € nicht überschritten werden. Dadurch ergeben sich bei einem Beratungshonorar in Höhe von 800 € netto pro Tagwerk eine maximal förderfähige Anzahl von fünf Tagen. Bei einem Beratungshonorar in Höhe von 400 € netto hingegen können bis zu zehn Tage bezuschusst werden.

---

73 Vgl. http://www.muenchen.ihk.de/mike/ihk_geschaeftsfelder/starthilfe/Anhaenge/Merkblatt-Vorgruendungscoaching.pdf, abgerufen am 28.07.2009.

Förderfähige Bereiche

Ziel dieser Förderung ist es, dem Existenzgründer durch Beratungsleistungen im Bereich aller wirtschaftlichen, finanziellen und organisatorischen Fragen zur Steigerung der Wettbewerbsfähigkeit zur Seite zu stehen. Förderfähig sind alle Bereiche der gewerblichen Wirtschaft (Handel, Handwerk, Industrie, Gast- und Fremdenverkehrsgewerbe, Handelsvertreter und -makler, sonstiges Dienstleistungsgewerbe, Verkehrsgewerbe) sowie freie Berufe, sofern der überwiegende Geschäftszweck nicht auf die entgeltliche Unternehmensberatung ausgerichtet ist. Die Beratungsleistung darf jedoch nicht die Vorgründung des Unternehmens betreffen. Auch überwiegende Rechts-, Versicherungs- und Steuerfragen sowie die Ausarbeitung von Verträgen und die Aufstellung von Jahresabschlüssen sind nicht förderfähig. Zusätzlich dürfen Buchführungsarbeiten, das Einarbeiten von EDV-Software und das Erstellen von Gutachten und Stellungnahmen nicht Gegenstand der Beratung sein.

Antrag bei der IHK

Um diese Art der Förderung zu erhalten, müssen Sie bei der IHK einen Antrag stellen (www.muenchen.ihk.de). Zusätzlich sollten dem Antrag ein aktueller und vollständiger Lebenslauf, ein Businessplan, eine Kopie der Gewerbeanmeldung (freiberuflich Tätige: Antrag an das IfB; Kapitalgesellschaften: Handelsregisterauszug, Auszug aus dem Gesellschaftsvertrag) sowie der Bewilligungsbescheid über die Leistungen nach SGB II/III (Gründerzuschuss, Eingliederungsgeld etc.) beigelegt werden. Wie beim Gründungscoaching Deutschland (s. u.) findet ein anschließendes persönliches Kontaktgespräch mit der IHK statt. Danach gibt die IHK eine Förderempfehlung an die KfW ab. Nachdem diese den Förderantrag bewilligt hat, wählen Sie einen Berater aus. Er muss von der KfW zugelassen sein und kann unter www.kfw-beraterbörse.de ausgewählt werden. Ab dem Zeitpunkt der Bewilligung haben Sie zwölf Monate Zeit, die Coachingmaßnahme durchzuführen. Ein von beiden Parteien unterschriebener Coachingvertrag, in doppelter Ausführung, muss der IHK jedoch bereits acht Wochen nach dem Ausstellungsdatum der KfW-Bewilligung vorliegen. Nach ausgiebiger Prüfung des Coachingvertrags und nach Erhalt des schriftlichen Prüfungsergebnisses kann schließlich mit dem Coaching begonnen werden. Die Bezahlung erfolgt nach abgeschlossener Beratung. Da Sie aufgrund der Arbeitslosigkeit wahrscheinlich nicht in der Lage sind, den gesamten Betrag vorzustrecken, können Sie im Coachingvertrag eine Abtretung vereinbaren. Das erlaubt der KfW, den Förderbetrag direkt an den Coach zu überweisen. Um die Zahlung der Fördermittel zu veranlassen, müssen die Gesamtrechnung des Beraters, der von beiden Seiten unterzeichnete Coachingbericht und ein Kontoauszug als Beleg für den geleisteten Eigenanteil eingereicht werden.[74]

[74] Vgl. http://www.muenchen.ihk.de/mike/ihk_geschaeftsfelder/starthilfe/Anhaenge/Merkblatt-Gruendercoaching-Arbeitslosigkeit.pdf, abgerufen am 29.07.2009.

Gründercoaching Deutschland (50 %)

Auch das Gründercoaching Deutschland fördert die Beratungsleistung im Bereich betriebswirtschaftlicher Themen. Es kann in den ersten fünf Jahren nach der Gründung bzw. Firmenübernahme in Anspruch genommen werden. Das Gewerbe muss sich jedoch in Deutschland befinden und auf eine Vollexistenz ausgerichtet sein. Wie der Name schon sagt, werden 50 % des Beratungshonorars eines Coachs übernommen. Das maximale förderfähige Beraterhonorar liegt dabei bei 800 € netto pro Tagwerk und darf insgesamt die Bemessungsgrundlage von maximal 6.000 € nicht überschreiten. Das Tagwerk eines Beraters umfasst acht Stunden. Geht man beispielsweise von einem Beraterhonorar in Höhe von 400 € pro Tag aus, ist es möglich, 15 Tage bezuschusst zu bekommen. Bei einem Tagessatz in Höhe von 800 € netto hingegen sind maximal 7,5 Tage förderfähig. Sollte das Beraterhonorar über 800 € netto pro Tag liegen, muss die Differenz aus eigener Tasche beglichen werden.

Antrag bei der IHK

Genau wie bei den bereits beschriebenen Coachings müssen Sie auch beim Gründercoaching Deutschland einen schriftlichen Antrag an die IHK stellen. Diesen findet man unter www.ihk-niederbayern.de. Der Antrag sollte zusätzlich einen Lebenslauf, eine Kopie der Gewerbeanmeldung, einen Businessplan sowie eine Beschreibung der gewünschten Beratungsleistung beinhalten.

KfW-Förderun

Nachdem Sie ein Beratungsgespräch mit der IHK geführt und wesentlichen Förderungsbedarf abgeklärt haben, erhalten Sie eine Empfehlung der IHK für eine Förderung über die KfW. Jedoch kann die KfW die Förderung trotz Empfehlung der IHK untersagen. Ein Rechtsanspruch auf einen Zuschuss besteht nicht. Nach Erhalt der KfW-Förderzusage können Sie schließlich einen Coach auswählen. Dieser muss jedoch von der KfW für ein Gründercoaching zugelassen sein. Entsprechende Berater finden Sie auf der Internetseite www.kfw-beraterboerse.de. Wurde ein Coach ausgewählt, haben Sie maximal zwölf Monate ab Erteilung der Förderzusage Zeit, um das entsprechende Coaching durchzuführen. Ein unterschriebener Coachingvertrag muss der IHK jedoch innerhalb von acht Wochen nach Erhalt der Zusage vorliegen. Nachdem die IHK diesen Vertrag bezüglich der Vorgaben geprüft hat, kann das Coaching gestartet werden. Genau wie beim Vorgründungs- und beim Nachfolgecoaching müssen auch beim Gründercoaching Deutschland die Beraterkosten aus Eigenmitteln vorfinanziert werden. Erst nachdem die Originalunterlagen (Rechnung des Beraters, der Coachingbericht, das statistische Beiblatt sowie ein Kontoauszug als Zahlungsbeleg) bei der IHK eingegangen sind, wird der Förderbetrag auf Ihr Konto überwiesen.[75]

---

[75] Vgl. http://www.ihk-niederbayern.de/uploads/media/Merkblatt_logo.pdf, abgerufen am 29.07.2009.

Förderprogramm des BAFA

Beratungsleistungen

Die Förderung des BAFA (Bundesamt für Wirtschaft und Außenkontrolle) umfasst neben der allgemeinen Beratung und der speziellen Beratung zu Technologie und Innovation, Außenwirtschaft und Qualitätsmanagement auch die Beratung bei Kooperationen und Mitarbeiterbeteiligungen. Zusätzlich kann man die Beratung im Vorfeld eines Ratings fördern lassen. Besonders interessant sind auch die Förderung der Umwelt- und Arbeitsschutzberatung, Beratung von Unternehmerinnen und Migranten sowie die Beratung zur besseren Vereinbarung von Beruf und Familie. Antragsberechtigt sind nur kleine und mittlere Unternehmen der gewerblichen Wirtschaft sowie Angehörige freier Berufe, die bereits seit einem Jahr am Markt aktiv sind. Sie dürfen eine Mitarbeiterzahl von 250 Personen nicht überschreiten und keinen Jahresumsatz aufweisen, der mehr als 50 Millionen Euro beträgt. Alternativ darf die Jahresbilanzsumme eine Größenordnung von 43 Millionen Euro nicht überschreiten. Zusätzlich dürfen die Stimmrechte/das Kapital nicht zu 25 % oder mehr im Besitz anderer Firmen sein. Als Bemessungsgrundlage dient der zuletzt aufgestellte Jahresabschluss, wobei die letzten beiden Jahre als Berechnungsgrundlage herangezogen werden. Die Zahl der Mitarbeiter bezieht sich grundsätzlich auf die während des entsprechenden Jahres beschäftigten Vollzeitarbeitnehmer. Besonders zu beachten ist hierbei, dass bei verbundenen Unternehmen (Beteiligungen über 25 %) die Umsätze und Mitarbeiter kumuliert werden müssen.

Förderung

Die Beratungskosten können in den alten Bundesländern mit 50 % und in den neuen Bundesländern einschließlich des Regierungsbezirks Lüneburg mit 75 % des Beratungshonorars gefördert werden. In beiden Fällen ist der absolute Förderbetrag jedoch auf 1.500 € beschränkt. „Bei allgemeinen Beratungen und speziellen Beratungen hat jedes Unternehmen ein Beratungskontingent von jeweils insgesamt 3.000 € im Rahmen der Laufzeit der Richtlinien. Allgemeine und spezielle Beratungen werden also mit Zuschüssen von zusammen maximal 6.000 € gefördert. Diese Beschränkung gilt nicht für Umweltschutz- und Arbeitsschutzberatungen, Beratungen von Unternehmerinnen oder Migranten/-innen zur Unternehmensführung sowie Beratungen zur besseren Vereinbarkeit von Familie und Beruf."[76] Der Antrag für eine Bezuschussung der Kosten muss spätestens drei Monate nach Abschluss der Beratung und Zahlung der zuständigen Stelle vorliegen. Dem Antrag müsste neben dem Antragsformular auch der Beratungsbericht, die Beraterrechnung, der Kontoauszug als Zahlungsnachweis und die bereits erhaltenen De-minimis-Bescheinigungen des Antragstellers beigefügt werden.[77]

---

76 http://www.bafa.de/bafa/de/wirtschaftsfoerderung/unternehmensberatungen/index.html, abgerufen am 29.07.2009.

77 Vgl. http://www.bafa.de/bafa/de/wirtschaftsfoerderung/unternehmensberatungen/index.html, abgerufen am 29.07.2009.

6.3.2 Gründungszuschuss

Arbeitnehmer, die eine selbstständige Tätigkeit aufnehmen und dadurch die Arbeitslosigkeit beenden, haben zur Sicherung des Lebensunterhalts und zur sozialen Sicherung in der Zeit nach der Existenzgründung Anspruch auf einen → Gründungszuschuss.

Gründungszuschuss

- Beim Gründungszuschuss handelt es sich um eine steuerfreie Förderung, die jedem zusteht, der in einem Zeitfenster von zwei Jahren mindestens zwölf Monate in die gesetzliche oder freiwillige Arbeitslosenversicherung eingezahlt hat und zum Zeitpunkt der Antragstellung arbeitslos gemeldet ist.
- Der Gründungszuschuss wird bis zu 15 Monate gewährt und besteht aus zwei Phasen.
- Die erste Phase wird als „Gründungsförderung" bezeichnet und beläuft sich auf neun Monate.
- Als zweite Phase folgt die Aufbauförderung. Diese ermöglicht es, den Förderzeitraum um weitere sechs Monate zu verlängern.

Sie erhalten den Gründungszuschuss für neun Monate in Höhe des zuletzt bezogenen Arbeitslosengelds I (gesetzl. Anspruch) zzgl. eines monatlichen Betrags von 300 € für die soziale Absicherung. Für weitere sechs Monate können 300 € monatlich zur sozialen Absicherung gewährt werden, wenn eine intensive Geschäftstätigkeit und hauptberufliche unternehmerische Aktivitäten dargelegt werden. Ein Gründungszuschuss wird gezahlt, wenn Sie bis zur Aufnahme der selbstständigen Tätigkeit einen Anspruch auf Entgeltleistungen nach dem SGB III bezogen haben oder in einer Arbeitsbeschaffungsmaßnahme nach dem SGB III beschäftigt waren.

Der Agentur für Arbeit müssen Sie eine positive Stellungnahme von einer fachkundigen Stelle über die Tragfähigkeit der Existenzgründung vorlegen. Fachkundige Stellen sind insbesondere Industrie- und Handelskammern, Handwerkskammern, berufsständische Kammern, Fachverbände, Kreditinstitute und Unternehmensberater.

Gründungszuschuss

Ein verheirateter Mann lebt mit einem Kind (inkl. ein Freibetrag) im Bundesland Hessen. Er ist nicht kirchensteuerpflichtig und sein Krankenkassenbeitrag beträgt 15,5 %. Er verfügte über ein Jahreseinkommen in Höhe von 60.000 €.

Monat 1–9:

67 % vom Nettogehalt (ca.):	1.789,80 €
Sozialversicherungspauschale:	300,00 €
Summe der monatlichen Leistung:	2.089,80 €

Monat 10–15:	
Sozialversicherungspauschale:	300,00 €
Summe der monatlichen Leistung:	300,00 €
Gesamtleistung Gründungszuschuss:	
2.089,80 € × 9 + 300,00 € × 6 =	20.608,20 €

Rechtsgrundlage

Die Rechtsgrundlage können Sie im Sozialgesetzbuch Drittes Buch (SGB III) vom 24.03.1997, § 57 in der jeweils geltenden Fassung nachlesen. Eine Regelung bezüglich der Höhe des Förderbetrags entnehmen Sie § 58 SGB III.[78]

6.3.3 Subventionierte Darlehen, Bürgschaften und Beteiligungen

Existenzgründer können (in der Regel in den ersten drei Jahren nach Gründung) auf unterschiedliche Weise an Kapital gelangen, das meist entweder zinsvergünstigt, haftungsfreigestellt für die beantragende Hausbank oder über einen längeren Zeitraum tilgungsfrei ist. Dabei stehen Ihnen eine Reihe von Möglichkeiten offen.

Gründungsdarlehen

Grundsätzlich können Sie sich Fremdkapital in Form von Darlehen bei jeder Bank besorgen. Viele Banken bieten spezielle Gründungsdarlehen an. Diese Darlehen weisen die gleichen Eigenschaften wie normale Bankkredite auf, besitzen aber eine niedrigere Verzinsung, meist zwischen 4 % und 6 %. Außerdem sind Gründungsdarlehen anfangs eine Zeit lang tilgungsfrei. Dadurch werden Ihre finanziellen Mittel geschont und Sie können in dieser schwierigen Zeit Ihre Liquidität bewahren.

Prinzipiell müssen Sie für Darlehen Sicherheiten vorweisen können.[79] Dies können neben einer Immobilie auch ein Bankguthaben oder sonstige Vermögenswerte sein. Auch Bürgschaften stellen eine Möglichkeit dar, Kredite zu besichern. „Die Bürgschaft ist ein einseitig verpflichtender Vertrag, durch den sich der Bürge gegenüber dem Gläubiger eines Dritten (des sogenannten Hauptschuldners) verpflichtet, für die Erfüllung der Verbindlichkeiten des Dritten einzustehen. Der Gläubiger will sich durch die Bürgschaft im Falle einer Zahlungsunfähigkeit seines Schuldners absichern. Meistens handelt es sich bei dem Dritten um einen Darlehensnehmer und bei dem Gläubiger um eine Bank, die das Darlehen gewährt."[80]

Bürgschaften werden oft von Förderanstalten des Landes oder Bundes übernommen, um jungen Unternehmen Möglichkeiten zur Finanzierung des eigenen Wachstums zu schaffen, ohne dass diese dafür überpropor-

78 Der genaue Wortlaut des § 57 und des § 58 SGB III kann dem Anhang entnommen werden.

79 Vgl. http://www.ingruendung.de/info/einmaleins.htm, abgerufen am 29.04.2009.

80 Vgl. http://de.wikipedia.org/wiki/B%C3%BCrgschaft, abgerufen am 01.05.2009.

tional viele Unternehmensanteile abgeben müssen. Die jeweiligen Förderanstalten können Banken des Landes oder Bundes sein, wie z. B. die LfA Bayern oder die Kreditanstalt für Wiederaufbau (KfW).

KfW-Startgeld

Haben Sie nur einen geringen Kapitalbedarf, können Sie auf das KfW-Startgeld zurückgreifen. Dabei handelt es sich um einen Kleinkredit bis zu 50.000 €, der eine niedrige Verzinsung aufweist und meist auch bei geringen Sicherheiten gewährt wird. Voraussetzung ist, dass Sie Ihre Geschäftstätigkeit noch nicht länger als drei Jahre ausüben und dass Sie einen Hauptwohnsitz im Inland vorweisen können. Darunter fallen neben deutschen Staatsbürgern auch Personen aus Mitgliedsstaaten der Europäischen Union und der European Free Trade Association sowie Personen, die eine Aufenthaltserlaubnis gemäß § 21 Aufenthaltsgesetz besitzen. Des Weiteren müssen Sie über die notwendigen fachlichen und kaufmännischen Kenntnisse verfügen. Sie benötigen auch eine unternehmerische Entscheidungsfreiheit von mindestens 10 % der Gesellschaftsanteile. Ausführliche Informationen über das KfW-Startgeld können Sie im Internet unter http://www.kfw-mittelstandsbank.de/ abrufen.[81]

Förderprogramme

Neben den gängigen Bankkrediten haben Sie insbesondere bei Gründung die Möglichkeit, unterschiedliche Förderangebote zu nutzen. Hier bietet die Übersicht (Abbildung 36) des Bundesverbands Deutscher Kapitalbeteiligungsgesellschaften (BVK) einen guten Überblick über Ihre Möglichkeiten. Besonders die Zuteilung der verschiedenen Angebote zu den Entwicklungsphasen Ihrer Unternehmung ermöglicht es Ihnen, je nach Bedarf den richtigen Ansprechpartner zu finden. Durch den Rückzug der Venture-Capital-Gesellschaften aus der ersten Phase, der sogenannten Seed-Phase, und die im Vergleich zu den USA schlecht ausgebaute Struktur der Business Angels bieten vor allem der High-Tech Gründerfonds, regionale Seedfonds (z. B. Seedfonds Bayern, FIRST VALUE AG) und öffentliche Zuschüsse Beteiligungen in dieser Unternehmensphase an.[82]

High-Tech Gründerfonds

Beim High-Tech Gründerfonds handelt es sich um einen Fonds, der Risikokapital in junge Technologieunternehmen investiert und zugleich Beratung und Unterstützung für das meist unerfahrene Management liefert.[83] Voraussetzung ist, dass das Unternehmen seinen Sitz in Deutschland hat und die Aufnahme der Geschäftstätigkeit nicht länger als ein Jahr zurück liegt. Weiterhin darf das Unternehmen nicht mehr als 50 Mitarbeiter beschäftigt haben und eine maximale Jahresbilanzsumme von 10 Millionen Euro besitzen. Zusätzlich müssen noch einige inhaltliche Kriterien zum Geschäftsmodell erfüllt sein. So muss beispielsweise technologi-

---

81 Vgl. http://www.kfwmittelstandsbank.de/DE_Home/Service/Kreditantrag_und_Formulare/Merkblaetter/Kredite/Merkblatt_-_.jsp, abgerufen am 29.04.2009.

82 Vgl. http://www.bvkap.de/privateequity.php/cat/79/aid/131/title/OEffentliche_Foerderangebote_ fuer_Beteiligungskapital_in_Deutschland, abgerufen am 29.04.09.

83 Vgl. http://www.high-tech-gruenderfonds.de/htgf/, abgerufen am 29.04.2009.

sches Know-how im Unternehmen gebunden sein und die Technologie muss mindestens bis zum Prototyp ausgebaut werden können. Auch sollten das bereits in Kapitel 2.3 Produkt/Service erwähnte Alleinstellungsmerkmal und ein Kundennutzen vorhanden sein, was zu einem günstigen Chancen Risiko Profil im Verhältnis zum Kapitalbedarf führt.[84]

Finanzierungsphasen im Lebenszyklus eines Unternehmens

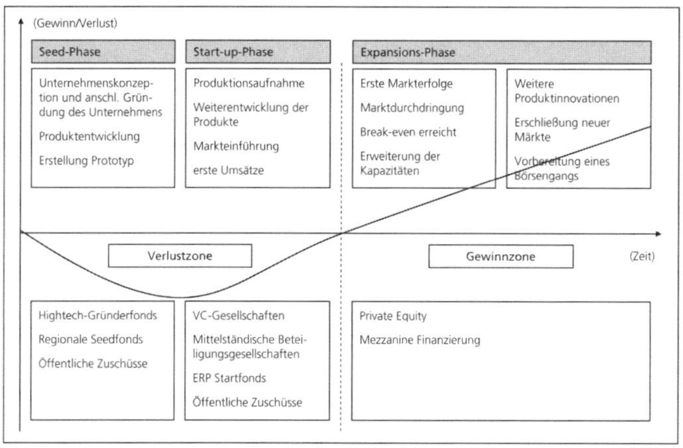

Abbildung 36: Den Finanzierungsphasen zugeordnete Förderprogramme

Der Fonds beteiligt sich in der Regel mit bis zu 500.000 €. Dabei wird meist eine Kombination aus offener Beteiligung und Darlehen bevorzugt. Das Darlehen besitzt eine Laufzeit von sieben Jahren und der Fonds stundet die Zinsen (10 % p. a.) für einen Zeitraum von vier Jahren, um die Liquidität des Unternehmens nicht zu belasten. Der Gründer muss jedoch in den alten Bundesländern Eigenmittel in Höhe von 20 % und in den neuen Bundesländern von 10 % aufweisen.[85] Weitere Informationen bezüglich des Auswahlprozesses und der Businessplananforderungen finden Sie auf der Homepage des High-Tech-Gründerfonds unter folgender Adresse: www.high-tech-gruenderfonds.de.

Seedfonds

Als Beispiel für einen regionalen Seedfonds soll die Bayern Kapital (Venture Capital für Bayern) herausgegriffen werden. Auch hier stehen junge Technologieunternehmen im Mittelpunkt. Haben diese ihren Firmensitz in Bayern, besteht die Möglichkeit, Beteiligungskapital zu erhalten. Dadurch soll zusätzlich die Basis für eine anschließende Finanzierung durch Business Angels, Kapitalbeteiligungsgesellschaften oder Venture-Capital-Gesellschaften geschaffen werden.[86] In der Mehrzahl wird die Finan-

84 Vgl. http://www.high-tech-gruenderfonds.de/htgf/index.php?id =138, abgerufen am 29.04.2009.

85 Vgl. http://www.high-tech-gruenderfonds.de/htgf/index.php?id =141, abgerufen am 29.04.2009.

86 Vgl. http://www.bayernkapital.de/finanzierung/Seed-Fonds, abgerufen am 29.04.2009.

zierung durch Bayern Kapital meist in Kombination mit dem High-Tech Gründerfonds angeboten, da dieser auf einer gemeinsamen Initiative „der Bundesregierung, der Industrieunternehmen BASF, Deutsche Telekom und Siemens sowie der KfW Mittelstandsbank im Rahmen von ‚Partner für Innovation' gegründet wurde."[87] Jedoch ist im Einzelfall auch eine ausschließliche Finanzierung durch den Seedfonds Bayern möglich. Maximal werden dann jedoch 250.000 € zur Verfügung gestellt. Zusätzlich bieten der Seedfonds Bayern und der High-Tech Gründerfonds eine Anschlussfinanzierung in Höhe von bis zu 900.000 € an.[88] Die genauen Anforderungen für eine Finanzierung und weiterführende Informationen können auch hier auf der Homepage des Seedfonds Bayern unter www.bayernkapital.de aufgerufen werden.

Als weiterer Seed-Investor kann an dieser Stelle noch die FIRST VALUE AG erwähnt werden, die sich vor oder innerhalb von drei Jahren nach der Gründung an jungen Unternehmen beteiligt. Infos zu den Voraussetzungen können Sie hier unter www.FIRST-VALUE.de nachlesen.

Ministerium

Als letzte hilfreiche Anlaufstelle soll nun noch das Bundesministerium für Wirtschaft und Technologie genannt werden. Auf der Internetseite www.foerderdatenbank.de besteht für Sie als Gründer die Möglichkeit, nach Förderprogrammen zu suchen. Hierbei können Sie folgende Kriterien auswählen:

- Fördergebiet
- Förderberechtigte
- Förderbereich
- Förderart

Als Suchergebnis erhalten Sie einen aktuellen Überblick über Förderprogramme des Bundes, der Länder und der Europäischen Union. Auch können Sie durch den Förderassistenten Schritt für Schritt zum richtigen Förderprogramm geführt werden.[89]

VC-Gesellschaften

Befindet sich Ihr Unternehmen bereits in der Start-up-Phase, d. h. Sie befinden sich bereits bei der Produktionsaufnahme und erzielen mit den vor Kurzem auf den Markt gebrachten Produkten/Serviceleistungen einen ersten Umsatz, haben Sie vor allem die Möglichkeit, Kapital über VC-Gesellschaften, mittelständische Beteiligungsgesellschaften (MBGs), ERP Startfonds oder öffentliche Zuschüsse zu erhalten. Beispiele für VC-Gesellschaften sind neben der Allianz Capital Partners GmbH auch die AS Venture GmbH sowie die GermanCapital GmbH und die IBB Beteiligungsgesellschaft mbH. Einen ausführlichen Überblick mit den jeweili-

---

87 http://www.bayernkapital.de/finanzierung/Seed-Fonds/angebote, abgerufen am 29.04.2009.

88 Vgl. http://www.bayernkapital.de/finanzierung/Seed-Fonds/angebote, abgerufen am 29.04.2009.

89 Vgl. http://www.foerderdatenbank.de/, abgerufen am 29.04.2009.

gen Homepageverweisen der VC-Gesellschaften finden Sie unter http://www.bvkap.de/privateequity.php/cat/81/letter/A.

MBGs

Im Vergleich zu den bereits genannten Möglichkeiten handelt es sich bei den MBGs nicht um eine reine Technologieunternehmensförderung, sondern um eine branchenübergreifende Bereitstellung von Beteiligungskapital. Dabei kann die Beteiligungsdauer bis zu 15 Jahre betragen. Besonders KMU profitieren von den mittelständischen Beteiligungsgesellschaften. Diese sind regional aufgestellt und bieten in der Regel Beteiligungen zwischen 50.000 und 2,5 Millionen Euro an. Hierbei gibt es Unterschiede bei den Beteiligungsanlässen sowie der Ausgestaltung der Beteiligung. Normalerweise wird von den MBGs eine stille Beteiligung angestrebt, jedoch kann es in bestimmten Fällen auch zu einer offenen Beteiligung in Form einer Minderheitsbeteiligung kommen.[90]

ERP-Startfonds

Beim ERP-Startfonds handelt es sich um einen Fonds der Kreditanstalt für Wiederaufbau Bankengruppe, durch den Beteiligungskapital für junge Technologieunternehmen zur Verfügung gestellt wird. Grundvoraussetzung ist jedoch, dass sich ein sogenannter Leadinvestor mit dem gleichen Betrag an der Unternehmung beteiligt wie die KfW. Auch muss der Gründer/Unternehmer die Beteiligung der KfW mit den gleichen Konditionen vergüten, die auch dem Leadinvestor zugesprochen wurden. Durch diese Bedingung versucht die unter staatlichem Einfluss stehende KfW, Investitionsanreize für private Investoren zu setzten.[91]

6.3.4 Mikrofinanzierung als spezielle Form der Gründungsfinanzierung

Mikrokreditfonds

Eine zunehmend populärer werdende Form der Unternehmensfinanzierung stellt die sogenannte Mikrofinanzierung dar. Dieses ursprünglich für die Entwicklungshilfe in der 3. Welt entwickelte Finanzierungskonzept wurde von der Bundesregierung in Form des Mikrokreditfonds Deutschland mittlerweile auch in der Bundesrepublik eingeführt. Ziel ist es, jungen Unternehmen, die oft wegen fehlender Sicherheiten keinen Zugang zu Bankkrediten haben, den Zugang zu Fremdkapital zu ermöglichen. Die Kredite des Mikrokreditfonds Deutschland stehen den Unternehmensgründern nicht nur in der unmittelbaren Gründungsphase zur Verfügung, sondern auch in den ersten Nachgründungsjahren. Damit trägt das Konzept der Erfahrung Rechnung, dass vielen Existenzgründern schon dadurch geholfen ist, dass sie die Gewissheit haben, bei unvorhergesehenen Liquiditätsengpässen auf Kreditmittel zurückgreifen zu können.

---

90 Vgl. http://www.bvkap.de/privateequity.php/cat/40/aid/87/title/Mittelstaendische_Beteiligungsgesellschaften, abgerufen am 29.04.2009.

91 Vgl. http://www.kfw-mittelstandsbank.de/DE_Home/Beteiligungsfinanzierung/Early_Stage/ERP-Startfonds/index.jsp, abgerufen am 29.04.2009.

Um eine persönliche Betreuung der Kleinkreditnehmer gewährleisten zu können und ein möglichst flächendeckendes Angebot zu schaffen kooperiert der Mikrokreditfonds Deutschland mit bereits bestehenden, meist regionalen Mikrofinanzinstituten. Diese akkreditierten Mikrofinanzierer entscheiden eigenständig über die Kreditvergabe, brauchen aber keine eigenen Kreditmittel zur Verfügung zu stellen. Sie übernehmen eigenverantwortlich die Finanzierungsentscheidung, müssen aber auch für Kreditausfälle haften. Somit haben die Mikrofinanzierer keinerlei Probleme mit der Refinanzierung ihrer Kreditvergabe und können sich vollständig auf die Sicherstellung der Kreditrückzahlung konzentrieren. Die technische Abwicklung der Zahlungsströme und die Erstellung der Kreditverträge übernimmt die GLS Bank, die darüber hinaus jedoch nicht mit dem Kreditnehmer in Kontakt tritt.

Vergabeverfahren

Bürgschaft als Sicherheit

Die Beantragung einer Mikrofinanzierung erfolgt direkt bei dem akkreditierten Mikrofinanzierer oder einem zugelassenen Gründungsberater. Dieser begutachtet den Kreditantrag hinsichtlich der Fähigkeit des Antragstellers, den Kredit fristgerecht zu tilgen, und prüft die vom Antragsteller gebotenen Sicherheiten. Bei den Sicherheiten kann es sich beispielsweise um verwertbare Vermögensgegenstände oder andere bankübliche Sicherheiten handeln. Da gerade diese jedoch häufig nicht zur Verfügung stehen, greifen die Mikrofinanzinstitute häufig auf Bürgschaften aus dem privaten Umfeld des Kreditnehmers als Sicherheiten zurück. Die Erfahrungen mit Bürgschaften aus dem sozialen Umfeld können als sehr gut bezeichnet werden. Die Gründe dafür sind vielfältig. So sind gerade Personen aus dem privaten Umfeld sehr viel besser in der Lage, die Motivation und die Fähigkeiten des Kreditnehmers einzuschätzen als ein außenstehender Kreditsachbearbeiter. Außerdem stellen Bürgschaften aus dem privaten Umfeld sicher, dass der Kreditnehmer auch aus seinem Umfeld bei seinem Vorhaben unterstützt wird. Darüber hinaus kann man davon ausgehen, dass es einem Kreditnehmer sehr viel schwerer fällt, sich seinen Zahlungsverpflichtungen zu entziehen, wenn dadurch sein privates Umfeld geschädigt wird, als wenn nur ein anonymes Geldinstitut vom Kreditausfall betroffen ist. Der Erfolg des Konzepts zeigt sich auch daran, dass die Kreditausfallquote der deutschen Mikrofinanzinstitute seit 2006 nur ca. 4 % betragen hat.

Antragstellung

Um einen Mikrokredit aus dem Mikrokreditfonds Deutschland zu erhalten, müssen sich die Existenzgründer direkt an einen akkreditierten Mikrofinanzierer oder einen entsprechenden Partner dieses Mikrofinanzierers wenden. Dies können sowohl gemeinnützige Organisationen als auch gewinnorientierte Unternehmen sein. Derzeit sind beim Mikrokreditfonds Deutschland über 30 Unternehmensberatungen, Wirtschaftsförderer, Genossenschaften und Vereine akkreditiert. Eine Übersicht über alle derzeit akkreditierten Mikrofinanzierer stellt der Mikrofinanzfonds Deutschland im Internet oder telefonisch zur Verfügung:

Informationen zum Mikrokreditfonds Deutschland:

http://mikrokreditfonds.gls.de/startseite/kredit-erhalten/mikrofinanzinstitute.html

oder

Telefon: 0234 5797-457

Kredit-betreuung

Nachdem das Mikrofinanzinstitut über die Vergabe des Kredits entschieden hat, versendet die GLS Bank den Kreditvertrag. Nachdem der Kreditnehmer den unterschriebenen Kreditvertrag zurückgesandt hat, zahlt die GLS Bank den Kredit aus. Für die komplette weitere Betreuung des Mikrokredits ist das Mikrofinanzinstitut zuständig. Die GLS Bank übernimmt lediglich die Kreditverwaltung.

Kreditkonditionen

Neben dem Verzicht auf bankübliche Sicherheiten und den geringen Kreditbeträgen heben sich die Mikrokredite noch durch andere Besonderheiten von gewöhnlichen Bankkrediten ab. So zeichnen sie sich in der Regel durch eine schnelle und einfache Vergabe, sowie sehr geringe Ausfallquoten aus. Die Höhe der über den Mikrokreditfonds Deutschland zur Verfügung gestellten Kredite ist relativ niedrig. Zunächst wird meist ein Kleinstbetrag, z. B. 2.500 €, als Kredit gewährt. Nach erfolgreicher Rückzahlung kann die Kreditbiografie dann auf bis zu 20.000 € ausgebaut werden.

Darüber hinaus besteht die Möglichkeit, sich einen Kreditanspruch durch Ansparraten zu erarbeiten. Dabei zahlt der Kleinkreditnehmer monatliche Ansparraten, um nach einer gewissen Zeit Anspruch auf das Drei- bis Zehnfache des Ansparbetrags als Kredit zu haben.

Zinsen und Laufzeit

Die Zinsen für einen Mikrokredit betragen derzeit 7,5 % pro Jahr. Darüber hinaus werden keine weiteren Gebühren oder Kosten berechnet. Die Laufzeit beträgt maximal drei Jahre. Die Tilgung erfolgt meist in monatlichen Raten, wobei keine tilgungsfreien Zeiten gewährt werden. In bestimmten Fällen, sind jedoch auch endfällige Mikrokredite möglich. Die Kredithöhe beträgt im ersten Schritt meist zwischen 2.000 € und 10.000 €. Nach erfolgreicher (Teil-)Rückzahlung sind auch Kredite bis zu 20.000 € möglich. Die Kombination von Mikrokrediten mit anderen Fördermitteln ist im Rahmen der geltenden Förderbestimmungen grundsätzlich möglich.

Die weiteren Bedingungen werden von dem jeweiligen Mikrofinanzinstitut festgelegt. Dazu gehören die geforderten Sicherheiten/Bürgschaften, die laufende Kreditbetreuung, das Antragsverfahren, spezielle Angebote für einzelne Zielgruppen und Branchen etc.

Weitere Leistungen der Mikrofinanzinstitute

Über die Mikrofinanzierung hinaus bieten viele Mikrofinanzinstitute, oft gegen Entgelt, weitere Leistungen an. Dazu gehören unter anderem die Erstellung von Geschäftsplänen, Coaching, laufende Unternehmensberatung und die Intervention im Falle von Zahlungsschwierigkeiten. Gerade dieses im Vergleich zu gewöhnlichen Geschäftsbanken umfassendere Angebot und die daraus resultierende größere Erfahrung mit Existenzgründern und Kleinunternehmen stellen bei der Beurteilung der Kreditrisiken einen entscheidenden Vorteil dar.

Nützliche Adressen, Informationen und Ansprechpartner rund um Mikrokredite:

- http://mikrokreditfonds.gls.de
- http://www.mikrofinanz.net
- www.gls.de
- GLS-Bank Telefon: 0234 5797-100

Übersicht über akkreditierte Mikrofinanzierer:

- http://www.mikrofinanz.net/akkreditierung/akkreditierte-dmi-mikrofinanzierer.html

6.4 Steuerrechtliche Gestaltung der Förderung und Investitionsabzugsbetrag

Neben direkten Zuschüssen und haftungsbefreiten Kreditmöglichkeiten bieten sich unterschiedliche Hilfen für Gründer im Rahmen einer steuerlichen Optimierung an. Hier sind u. a. die Verrechnung von verschiedenen Einkunftsarten sowie die Vorwegnahme von Ausgaben in einer früheren Periode (z. B. ehemals Ansparrücklage für Existenzgründer, aktuell → Investitionsabzugsbetrag) zu nennen.

Investitionsabzugsbetrag

Unter dem Begriff „Investitionsabzugsbetrag" wird nach deutschem Steuerrecht eine gewinnmindernde Rücklage bezeichnet.

Diese kann für Wirtschaftsgüter gebildet werden, die der Unternehmer erst zu einem späteren Zeitpunkt benötigt.

Dadurch besitzt der Unternehmer die Möglichkeit, Wirtschaftsgüter vor der Anschaffung abzuschreiben.

Des Weiteren sind Kosten (auch aus der Vorgründungsphase) ansetzbar. Ein Auszug der steuerlichen Gestaltungs- und Optimierungsmöglichkeiten ist im Folgenden dargestellt. Gleichzeitig soll jedoch darauf verwiesen werden, dass nur ein (möglichst auf Gründer spezialisierter) Steuerberater eine adäquate Beratung und damit eine individuell optimale Gestaltung ermöglicht.

Statt der bisherigen Ansparabschreibung (§ 7g EStG) tritt durch das Unternehmensteuerreformgesetz der sog. Investitionsabzugsbetrag in Kraft. Dabei ergeben sich u. a. folgende Änderungen:

- eine Erhöhung der bisherigen Betriebsvermögensgrenze von 210.000 € auf 235.000 € bei bilanzierenden Unternehmern, bei land- und forstwirtschaftlichen Betrieben auf einen Wirtschafts- oder Ersatzwirtschaftswert von 125.000 €.
- Bei Einnahme-Überschuss-Rechnern (z. B. Freiberufler oder Klein-Gewerbetreibende) ist eine Begünstigung nur noch für Betriebe möglich, deren Gewinn 100.000 € nicht übersteigt.
- Der Begünstigungszeitraum wurde auf das Jahr der Bildung und die darauffolgenden drei Jahre (bisher: zwei Jahre) erweitert. Dabei darf der Abzugsbetrag des insgesamt am Stichtag zulässigen Investitionsabzugsbetrags sowie der drei vorangegangenen Jahre insgesamt 200.000 € nicht übersteigen.

Interessant ist dabei, dass die Sonderabschreibung nach § 7g Abs. 5 und 6 EStG – neues Recht – unabhängig von der vorherigen Bildung des Investitionsabzugsbetrags und auch für gebrauchte bewegliche Wirtschaftsgüter anwendbar ist. Die Änderungen haben bereits für Wirtschaftsjahre Gültigkeit, die nach Verkündung des Unternehmensteuerreformgesetzes im Bundesgesetzblatt enden, d. h. ggf. schon für den Veranlagungszeitraum 2007.

6.5 Private Vermögensgegenstände und Kostenaufwandsbuchungen

Wie bereits in Kapitel 2.8.3 erläutert, haben Sie bei der Wahl der Rechtsform eine Vielzahl von Möglichkeiten. Je nachdem, wie Sie sich entscheiden, müssen Sie unterschiedlich hohe Einlagen in das Unternehmen vornehmen. Diese müssen jedoch nicht immer in Form von Geldleistungen erbracht werden, wie das Beispiel einer GmbH-Gründung zeigt.

Sie können anstelle eines Geldbetrags auch Sachleistungen in die GmbH einbringen. Das muss allerdings im Vertrag vereinbart werden. Diese alternative Geldeinlage können neben Eigentum an Sachen, Forderungen, Grundpfandrechten, dauerhafter Gebrauchsüberlassung an Gegenständen oder Handelsgeschäften auch ein oder mehrere Unternehmen sein. Zusätzlich kommen alle weiteren sonstigen Vermögensgegenstände in Betracht. Dabei spielt es keine Rolle, ob der Gegenstand bilanzierungsfähig ist oder nicht. Auch muss er keine Verkehrsfähigkeit aufweisen, jedoch übertragbar sein. Sollten Sie sich für eine solche Sacheinlage entscheiden, muss im Gesellschaftsvertrag

Sacheinlagen

- der Wert der Sacheinlage als Geldbetrag angegeben werden.
- die Person, die die Sacheinlage vornimmt, sowie eine genaue Bezeichnung des einzubringenden Gegenstands schriftlich festgehalten werden.
- klar und deutlich herausgestellt werden, dass der Gegenstand der Gesellschaft zur freien und dauerhaften Verfügung übertragen wird.
- eine Angabe darüber enthalten sein, dass der jeweilige Kapitalanteil in Geld durch eine Sacheinlage ersetzt werden darf, und im Fall einer Sachübernahme muss im Vertrag die Anrechnung auf den einzuzahlenden Kapitalanteil vereinbart werden.

Besonderheiten treten vor allem dann auf, wenn es sich bei der Einbringung um ein Unternehmen oder Handelsgeschäft handelt. Hierbei umfasst die Einbringung im Zweifel auch den Kundenstamm, das Knowhow und den → Goodwill.

Goodwill

Der Begriff „Goodwill" entspricht dem Ertragswert abzüglich des Substanzwerts eines Unternehmens.

Dabei setzt sich der Substanzwert aus dem Buchwert des Eigenkapitals und den stillen Reserven zusammen.

Dieses immaterielle Gut darf in der Bilanz nur dann angesetzt werden, wenn es im Rahmen eines Unternehmenskaufs entgeltlich erworben wurde.

Eine Übernahme der Verbindlichkeiten sollte im Gesellschaftsvertrag unbedingt schriftlich festgehalten werden. Auch ist eine Firmenfortführung nur zulässig, wenn dies ausdrücklich vereinbart wurde. Als Pflichtangabe wird auf jeden Fall der Einbringungstermin gesehen.

Sachgründungsbericht

Alle Sacheinlagen, die in ein Unternehmen eingebracht werden, müssen in einem separaten Sachgründungsbericht aufgeführt werden. Da dieser nicht Bestandteil des Gesellschaftsvertrags ist, bedarf er somit auch keiner Beurkundung. Eine einfache Schriftform reicht demnach vollkommen aus, der Sachgründungsbericht muss jedoch von allen Gründungsgesellschaftern unterzeichnet werden.

Bei der Bewertung einer Sacheinlage sollten nur objektive Bewertungskriterien herangezogen werden. Eine für den Gründer besonders schöne Farbe der Maschine ist kein Grund, den Wert der Sacheinlage um 100.000 € zu erhöhen. Gemäß § 9 Absatz 1 GmbH Gesetz ist immer der tatsächliche Zeitwert zum Zeitpunkt der Handelsregistereintragung anzusetzen und der fehlende Restbetrag (Differenz zwischen Wert der Sache und dem zu erbringenden Nennbetrag) gegebenenfalls in Geldleistung zu ergänzen. Bei der Bewertung der Sachleistung sind alle für die Bewertung maßgeblichen Umstände in den Sachgründungsbericht aufzunehmen. Daher müssen gegebenenfalls Angaben über die Anschaffungs- und Herstellungskosten, gutachterliche Bewertungen, Marktpreise, Zustand der Sache sowie Nutzungsmöglichkeiten gemacht werden.

Diese Angaben müssen gemäß § 8 Absatz 1 Nr. 5 GmbHG bei der Anmeldung der GmbH durch das Beifügen von Unterlagen, die den Wert der Sacheinlage beweisen, nachgewiesen werden. Solche Unterlagen sind in der Regel Rechnungen, Kaufverträge, Preislisten usw. Wird hingegen ein Unternehmen eingebracht, so muss eine Einbringungsbilanz vorgelegt werden. Bei der Übertragung der Sachleistungen ist auf eine saubere Form zu achten. Die Sachleistung muss in der jeweils gesetzlich vorgeschriebenen Form an die Vor-Gesellschaft veräußert werden. Werden beispielsweise Grundstücke eingebracht, so sind diese aufzulassen und in das Grundbuch einzutragen. Forderungen hingegen müssen abgetreten werden, Sachen sind zu übereignen.[92]

Geringwertige Wirtschaftsgüter

Besitzen die Sacheinlagen nur einen Wert von bis zu 150 €, handelt es sich um geringwertige Wirtschaftsgüter. Diese müssen jedoch beweglich, abnutzbar und selbstständig nutzbar sein und es müssen entweder Anschaffungs- oder Herstellungskosten angefallen sein. Dabei wird die Mehrwertsteuer nicht hinzugerechnet. Beispielsweise zählt ein Wirtschaftsgut, das brutto 178,50 € beträgt, durch den zugrunde liegenden Nettopreis in Höhe von 150 € als geringwertiges Wirtschaftsgut. Dabei ist es nicht entscheidend, ob das Unternehmen vorsteuerabzugsberechtigt ist oder nicht.

Die Kosten für solche geringwertigen Wirtschaftsgüter können direkt als Betriebsausgabe abgesetzt werden. Im Gegensatz zu Wirtschaftsgütern, die einer Pool-Abschreibung bedürfen (Wirtschaftsgüter mit einem Wert über 150 € bis 1.000 €), besteht bei geringwertigen Wirtschaftsgütern keine Dokumentationspflicht. Liegen die Anschaffungs- bzw. Herstellungskosten jedoch in der Spanne zwischen 150 € und 1.000 €, muss ein separates Anlagenverzeichnis geführt werden. Dieser Sammelposten ist anschließend über fünf Jahre linear abzuschreiben.[93] Die alte „410 €-Regel" ist seit dem 01.01.2010 ebenfalls wieder zulässig.

Des Weiteren sind alle Kosten im Zusammenhang mit der Selbstständigkeit zu buchen (auch schon vor der Gründung, d. h. in der Vorbereitungszeit auf die tatsächlich stattfindende Gründung).

- Fahrtkosten (0,30 € pro Fahrtkilometer)
- Raumkosten/Abschreibung und/oder Miete
- Bewirtungskosten (70 % vom Nettobetrag zzgl. 100 % der Vorsteuer)
- Telefonkosten (z. B. Handykosten)
- Kleinere Kundengeschenke (bis 30 €)

---

92 Vgl. http://www.aachen.ihk.de/de/recht_steuern/download/kh_025.htm, abgerufen am 03.08.2009.

93 Vgl. http://www.fibumarkt.de/Fachinfo/Anlagevermoegen/Geringwertiges-Wirtschaftsgut-2008.html, abgerufen am 03.08.2009.

- Sonstiger Bürobedarf

Eine entsprechende Aufstellung der einzelnen Kosten und GWGs kann schnell zu einer Steuerentlastung von mehreren Tausend Euro führen.

Abschließend soll darauf hingewiesen werden, dass diese Zusammenstellung keine steuerliche Beratung darstellt und eine solche nur von einem zugelassenen Steuerberater erbracht werden kann. Dieser sollte optimalerweise eine entsprechende Affinität zum Gründungsbereich mitbringen, um Ihre Bedürfnisse fachlich kompetent abdecken zu können.

6.6 Buchführungspflicht

BWL-Kenntnisse

Wie bereits durch die Studie der DIHK (siehe Kaptiel 3.1) belegt, sind betriebswirtschaftliche Kenntnisse bei Firmengründern oft nur sehr spärlich oder gar nicht vorhanden. Da eine Firmengründung jedoch je nach Ausmaß die unterschiedlichsten Pflichten bzgl. Buchführung und Betriebseinnahmen-Betriebsausgaben-Rechnung nach sich zieht, ist es für den Gründer unumgänglich, sich mit dieser Thematik auseinanderzusetzen. Auch in diesem Buch wird abschließend auf die Pflichten eines Kaufmanns eingegangen, um zukünftigen Unternehmern ein ganzheitliches Bild der Belastung durch eine Unternehmensgründung zu verschaffen.

Einnahmen-/Ausgaben-Rechnung

Grundsätzlich besteht die Buchführungspflicht für alle Kaufleute, die im Handelsregister eingetragen sind oder deren Gewinn über 30.000 € beträgt. Sie müssen einen Jahresabschluss sowie eine Bilanz erstellen. Keine Buchführungspflicht besteht hingegen für Nicht-Kaufleute, Betriebe der Land- und Forstwirtschaft sowie Freiberufler. Dennoch sind auch diese Unternehmen verpflichtet, eine Betriebseinnahmen- sowie eine Betriebsausgabenrechnung zu machen. Auch sollten Sie beachten, dass Sie bei Gründung des Unternehmens eine komplette Aufstellung des gesamten Inventars einschließlich Grundstücke, Gebäude, Schulden, Betrag des Barvermögens sowie sonstige Vermögensgegenstände machen müssen.

Doppelte Buchführung

Für alle Unternehmen, die der Buchführungspflicht unterliegen, gilt das Prinzip der doppelten Buchführung. Bei dieser Art der Buchführung werden lückenlos, plan- und ordnungsmäßig alle Geschäftsvorfälle aufgezeichnet. Dadurch werden die gesamten betrieblichen Geschehnisse rechnerisch festgehalten und können somit kontrolliert und gesteuert werden Zusätzlich dienen diese Informationen dazu, Dritten Rechenschaft abzulegen. Die Bezeichnung „doppelte Buchführung" rührt daher, dass jeder Geschäftsvorfall zweimal gebucht wird: einmal im Soll und einmal im Haben. Dadurch steht jeder Buchung im Soll eine Buchung im Haben gegenüber und umgekehrt.

Buchungsbelege

Es darf nur gebucht werden, was durch Eigenbeleg, Rechnung oder Quittung belegt werden kann. Auch müssen alle Belege nummeriert bzw. nach Datum sortiert werden und Rechnungsbeträge dürfen nicht auf- oder abgerundet werden. Ein Verändern der Belege durch Radieren oder

Überschreiben ist nicht gestattet. Sollte dennoch einmal eine Änderung vorgenommen werden müssen, so ist diese durch eine Stornobuchung zu berücksichtigen.

Dabei müssen Aufbewahrungsfristen zwischen sechs und zehn Jahre beachtet werden. Aktuelle Listen hierzu kann man von seinem Steuerberater oder der IHK bekommen.

Hilfe bei der Buchführung

Auch bei der Buchführung ist die Moderne angekommen: Sie wird in der Regel mithilfe von Computern erledigt. Besonders vorteilhaft bei dieser Form der Buchführung ist, dass Routinebuchungen automatisch von der Software übernommen werden. Dadurch werden nicht nur Mitarbeiter und Zeit gespart, sondern auch Tippfehler vermieden. Zusätzlich ist die Software in der Lage, Hilfestellung und Plausibilitätskontrollen zu liefern. Nicht zu unterschätzen ist auch der Vorteil, dass gesetzliche Änderungen automatisch in der Software enthalten sind und somit berücksichtigt werden.

Buchführung durch Steuerberater

Alternativ zur Inhouse-Buchführung kann diese auch ausgegliedert werden. Hier bieten sich vor allem Steuerberater oder private Dienstleister an. Dadurch kann man nicht nur die eigene Auslastung reduzieren, sondern auch zusätzlich auf das umfangreiche Wissen und die Erfahrung des Steuerberaters zurückgreifen. Auch gewährt diese Lösung eine perfekte Anpassung der Steuergestaltung an die tatsächlich vollzogenen Geschäftsaktivitäten.

6.7 Anmeldung und Genehmigungen

Ein oft unterschätzter Faktor bei der Unternehmensgründung ist das Einholen aller Genehmigungen für den Geschäftsbetrieb. Da es sich hier meist um eine Vielzahl von Unterlagen handelt, die ggf. voneinander abhängig sind, kann Ihnen durch eine Verzögerung oder eine falsche Planung relativ schnell ein finanzieller Schaden entstehen. Zusätzlich kann es passieren, dass Genehmigungen nur erteilt werden, wenn gewisse Auflagen vom Unternehmer eingehalten werden. Beispielhaft hierfür ist die Auflage, dass Sie in Ihre Produktionsanlage Spezialfilter einbauen müssen, um einen gewissen Luftstandard erfüllen zu können. Dies verursacht in der Regel zusätzliche Kosten, die Sie vorab nicht eingeplant haben und die dadurch zu einer Verschlechterung der Projektrentabilität führen. Somit kann es passieren, dass es nicht mehr sinnvoll ist, das Projekt zu realisieren.

Verzögerung einkalkulieren

Selbst wenn Sie an alle erforderlichen Genehmigungen gedacht haben, kann es dennoch durch fehlerhafte Bearbeitung der entsprechenden Anträge zu einer unter Umständen kostspieligen Verzögerung kommen. Auch hier sollten Sie einige Tage Puffer einbauen. Es kristallisieren sich folgende typische Gefahrenquellen für den Unternehmer heraus:

- Bearbeitungsdauer/Zeitaufwand

- Fehler bei der Bearbeitung
- Kosten der Genehmigung
- Vollständigkeit der Anträge
- Auflagen

Nun stellt sich nun die Frage: Welche Genehmigungen benötigen Sie denn überhaupt für Ihr Vorhaben? Da es je nach Unternehmung der unterschiedlichsten Anforderungen bedarf, wird nachfolgend nur ein kurzer Überblick über potenziell benötigte Genehmigungen gegeben.

Gewerbeamt

Besondere Genehmigungen

Grundsätzlich muss ein neu gegründetes oder übernommenes Unternehmen beim zuständigen Gewerbeamt angemeldet werden. Dieses befindet sich meist bei der Stadt- oder Gemeindeverwaltung. Für die Anmeldung werden ein gültiger Ausweis oder Pass und gegebenenfalls eine besondere Genehmigung bzw. besondere Nachweise benötigt. Besondere Genehmigungen können z. B. beim Handel mit Medikamenten oder beim Verkauf von Schusswaffen benötigt werden. Auch muss beispielsweise für Handwerksberufe, die der Anlage A zugerechnet werden, eine erfolgreich bestandene Meisterprüfung als Grundvoraussetzung für eine Gewerbeanmeldung nachgewiesen werden. Der Anlage A werden unter anderem Berufe wie Bäcker oder Dachdecker zugeordnet.

Von der Anmeldung beim Gewerbeamt befreit sind Land- und Forstwirte sowie Freiberufler.

Finanzamt

Eine Anmeldung beim Finanzamt ist nur nötig, wenn es sich bei der Unternehmung um eine freiberufliche Tätigkeit oder um einen land- und forstwirtschaftlichen Betrieb handelt. Ansonsten erledigt das das Gewerbeamt automatisch. Allerdings besteht die Möglichkeit, dass bei Unternehmen, die einer Gewerbeanmeldung bedürfen, eine Kontaktaufnahme mit dem zuständigen Finanzamt die Bearbeitungszeit verkürzen kann. Das Finanzamt kalkuliert schließlich auf den vom Gründer geschätzten Umsätzen und Gewinnen die Höhe der Einkommen- und Gewerbesteuer. Um nicht vorab durch enorme Steuervorauszahlungen in Liquiditätsschwierigkeiten zu geraten, sollten Sie die Unternehmensplanung entsprechend anpassen. Ebenso wenig sollten Sie Rückstellungen für den Fall einer Steuernachzahlung vernachlässigen.

Kammern

Handwerkskammer

Auch die Kammern werden vom Gewerbeamt informiert. Hierbei unterscheidet man in erster Line zwischen Handwerkskammer und Handelskammer. Bei der Handwerkskammer handelt es sich um eine Selbstverwaltungseinrichtung des gesamten Handwerks, die als Körperschaft des öffentlichen Rechts organisiert ist. Die Handwerkskammer ist in Kammerbezirke eingeteilt und hat als Hauptaufgabe die Vertretung des gesamten Handwerks eines solchen Bezirks. Die Mitgliedschaft ist für alle, die einem Handwerk nachgehen, Pflicht.

Handelskammer

Im Gegensatz zur Handwerkskammer handelt es sich bei der Handelskammer um die Vertretung der kaufmännischen und industriellen Interessen. Auch die Handelskammern sind räumlich organisiert und für die entsprechenden Berufsgruppen Pflicht.

Berufsgenossenschaften

Die Berufsgenossenschaften sind Träger der sozialen Unfallversicherung. Je nach Sparte sind Unternehmer bei der jeweiligen Berufsgenossenschaft pflichtversichert oder können sich freiwillig versichern. Hier ist jedoch zu beachten, dass eine Anzeigepflicht besteht und es somit ratsam ist, trotz Benachrichtigung der Berufsgenossenschaften durch das Gewerbeamt zusätzlich Kontakt aufzunehmen.

Eintrag ins Handelsregister

Ein Eintrag ins Handelsregister erfolgt über einen Notar und ist für Kapitalgesellschaften Pflicht. Bei anderen Unternehmen ist zu prüfen, ob diese als vollkaufmännisch anzusehen sind. Diese Beurteilung unterliegt wiederum der zuständigen IHK, die deshalb bereits vor der Antragstellung hinzugezogen werden sollte. Auch ist zu beachten, dass ein Firmenname im rechtlichen Sinne nur von einem im Handelsregister eingetragenem Unternehmen geführt werden kann.

Agentur für Arbeit

Sollte ein Unternehmen Arbeitnehmer beschäftigen, so muss eine weitere Anmeldung bei der zuständigen Agentur für Arbeit vorgenommen werden. Durch die Anmeldung wird Ihnen eine Betriebsnummer zugeteilt, die in den Versicherungsnachweis der Arbeitnehmer eingetragen wird.

Krankenkasse, Sozialversicherung und sonstige Versicherungen

Risiken absichern

Bei der Krankenkassen- und Sozialversicherung müssen Sie sich erst nach der Unternehmensgründung anmelden. Zudem brauchen Sie eine Absicherung gegen Risiken. Bestimmte Risiken können den Unternehmer schnell an die Grenzen seiner finanziellen Leistungsfähigkeit bringen und sollten deshalb genau unter die Lupe genommen werden. Grob kann hierbei zwischen beruflichen und privaten Risiken unterschieden werden. Die wichtigsten betrieblichen Versicherungen für Selbstständige sind:

- Betriebs- oder Berufshaftpflichtversicherung
- Betriebsunterbrechungsversicherung
- Einbruchdiebstahlversicherung
- Elektronikversicherung
- Kfz-Haftpflichtversicherung
- Produkthaftpflichtversicherung
- Umwelthaftpflichtversicherung
- Feuerversicherung, Leitungswasserversicherung usw.

Je weniger Planungssicherheit für das neu gegründete Unternehmen besteht, desto kürzer sollte die Versicherungslaufzeit gewählt werden. In der Regel bietet es sich an, die Versicherungslaufzeit erst einmal auf ein Jahr zu beschränken und bei positivem Geschäftsverlauf entsprechend zu verlängern. Auch ist es ratsam, sich vorab bei Unternehmen der gleichen oder einer ähnlichen Branche über dieses Thema zu informieren, um einen vollständigen Versicherungsschutz zu gewährleisten.

7 Schlusswort – ein kleiner Schritt für die Menschheit, ein großer für Sie

Auf den vorangegangenen Seiten haben wir versucht, Ihnen eine Vielzahl unterschiedlicher Tipps und Handlungsempfehlungen zu geben.

Wir hoffen, dass wir Ihnen einen kleinen Einblick in das weite Feld der Betriebswirtschaft ermöglichen und die für Sie als zukünftigen Gründer wichtigsten Informationen liefern konnten.

Mit diesem Werk haben Sie hoffentlich nicht nur theoretisches Fachwissen, sondern auch zahlreiche praktische und bewährte Tipps und Vorschläge bekommen. Nun liegt es an Ihnen, Ihren Traum vom eigenen Unternehmen ins Leben zu rufen.

Besonders die Beispiele aus der Praxis sollten Ihnen dabei hilfreich sein, Ihre Geschäftsidee in Schriftform festzuhalten. Dann steht Ihnen nicht nur die Tür bei potenziellen Investoren und Businesspartnern offen, sondern Sie haben sich auch intensiv mit Ihrer Idee auseinandergesetzt. Dies gibt Ihnen die Chance, erste Schwachstellen bei der Gründung von Beginn an zu erkennen und entsprechend zu eliminieren. Nutzen Sie vorhandene Angebote von Freunden, Experten und Gründerkollegen, sich beraten zu lassen. Dadurch zeigen Sie keine Schwäche – ganz im Gegenteil. Sie haben eine weitere Möglichkeit, Fehler zu vermeiden und somit Rückschläge zu verhindern.

Sollte dennoch einmal etwas nicht nach Plan laufen, lassen Sie sich nicht gleich entmutigen. Nur wenn Sie wirklich von Ihrer Idee überzeugt sind, sind Sie in der Lage, auch andere dafür zu begeistern, ob Sie nun versuchen, Mittel für die Gründung aufzutreiben oder Ihre Mitarbeiter zu motivieren.

Merken Sie sich: Wenn sich nicht einmal der Gründer zu 100 % mit seiner Idee und dem Unternehmen identifiziert, wie soll dann ein potenzieller Investor dazu bewogen werden, in eben jene Unternehmung einzusteigen?

Seien Sie sich bewusst: Eine Unternehmensgründung erfordert einen langen Atem und großes Durchhaltevermögen! Verlieren Sie das Wesentliche des Vorhabens, die Verwirklichung Ihrer Geschäftsidee, nicht aus den Augen. Voller Einsatz und realistische Einschätzungen sind grundlegende Voraussetzungen zum Erreichen der Zielvorgaben.

Wie sagte einst der bekannte englische Unternehmer Vidal Sassoon so treffend:

„Nur im Wörterbuch steht Erfolg vor Fleiß."

Abschließend hoffen wir, dass unsere Erfahrung im Bereich Businessplan-Gestaltung und Gründungsberatung Ihnen bei Ihrer Unternehmensgründung behilflich sein konnte, und wünschen Ihnen viel Erfolg für Ihr Vorhaben.

Anhang

§ 57 SGB III
Gründungszuschuss

„(1) Arbeitnehmer, die durch Aufnahme einer selbstständigen, hauptberuflichen Tätigkeit die Arbeitslosigkeit beenden, haben zur Sicherung des Lebensunterhalts und zur sozialen Sicherung in der Zeit nach der Existenzgründung Anspruch auf einen Gründungszuschuss.

(2) Ein Gründungszuschuss wird geleistet, wenn der Arbeitnehmer

1. bis zur Aufnahme der selbstständigen Tätigkeit

   a) einen Anspruch auf Entgeltersatzleistungen nach diesem Buch hat oder

   b) eine Beschäftigung ausgeübt hat, die als Arbeitsbeschaffungsmaßnahme nach diesem Buche gefördert worden ist,

2. bei Aufnahme der selbstständigen Tätigkeit noch über einen Anspruch auf Arbeitslosengeld von mindestens 90 Tagen verfügt,
3. der Agentur für Arbeit die Tragfähigkeit der Existenzgründung nachweist und
4. seine Kenntnisse und Fähigkeiten zur Ausübung der selbstständigen Tätigkeit darlegt.

Zum Nachweis der Tragfähigkeit der Existenzgründung ist der Agentur für Arbeit die Stellungnahme einer fachkundigen Stelle vorzulegen; fachkundige Stellen sind insbesondere die Industrie- und Handelskammern, Handwerkskammern, berufsständische Kammern, Fachverbände und Kreditinstitute. Bestehen begründete Zweifel an den Kenntnissen und Fähigkeiten zur Ausübung der selbstständigen Tätigkeit, kann die Agentur für Arbeit vom Arbeitnehmer die Teilnahme an Maßnahmen zur Eignungsfeststellung oder zur Vorbereitung der Existenzgründung verlangen.

(3) Der Gründungszuschuss wird nicht geleistet, solange Ruhenstatbestände nach den §§ 142 bis 144 vorliegen oder vorgelegen hätten.

(4) Die Förderung ist ausgeschlossen, wenn nach Beendigung einer Förderung der Aufnahme einer selbstständigen Tätigkeit nach diesem Buch noch nicht 24 Monate vergangen sind; von dieser Frist kann wegen besonderer in der Person des Arbeitnehmers liegender Gründe abgesehen werden.

(5) Geförderte Personen haben ab dem Monat, in dem sie das Lebensjahr für den Anspruch auf Regelaltersrente im Sinne des Sechsten Buches vollenden, keinen Anspruch auf einen Gründungszuschuss."

(Quelle: http://www.juraforum.de/gesetze/, abgerufen am 01.05.2009.)

§ 58 SGB III
Dauer und Höhe der Förderung

„(1) Der Gründungszuschuss wird für die Dauer von neun Monaten in Höhe des Betrages, den der Arbeitnehmer als Arbeitslosengeld zuletzt bezogen hat, zuzüglich von monatlich 300 Euro, geleistet.

(2) Der Gründungszuschuss kann für weitere sechs Monate in Höhe von monatlich 300 Euro geleistet werden, wenn die geförderte Person ihre Geschäftstätigkeit anhand geeigneter Unterlagen darlegt. Bestehen begründete Zweifel, kann die Agentur für Arbeit die erneute Vorlage einer Stellungnahme einer fachkundigen Stelle verlangen."

(Quelle: http://www.juraforum.de/gesetze/, abgerufen am 01.05.2009.)

Stichwortverzeichnis

T

U

V

W